O que é Antropoceno?

Uma descrição completa da idéia do Antropoceno

Paulo Ramos

2023

Direitos autorais © 2023 Paulo Ramos

Todos os direitos reservados

Nenhuma parte deste livro pode ser reproduzida ou armazenada em um sistema de recuperação, ou transmitida de qualquer forma ou por qualquer meio, eletrônico, mecânico, fotocópia, gravação ou outro, sem a permissão expressa por escrito do autor ou da editora.

ISBN: 979-83-99033-04-4

Editora: Independently published - Amazon
Design da capa com KDP Amazon
Imagens da edição: Yandex e Pixabay Royalty Free

livroseebooks.com

"O animal é tão ou mais sábio do que o homem: conhece a medida da sua necessidade, enquanto o homem a ignora."

Demócrito

"É triste pensar que a natureza fala e que o gênero humano não a ouve."

Victor Hugo

"Ambiente limpo não é o que mais se limpa e sim o que menos se suja."

Chico Xavier

"Podemos julgar o coração de um homem pela forma como ele trata os animais."

Immanuel Kant

Dedico esta obra a todos os integrantes que participaram e participam do Programa Escola Verde.

Sumário

Introdução 9
O que é o Antropoceno? 13
Evidências do Antropoceno 17
Impacto do asteróide humano 31
Movimentação de terras 41
Uma nova época geológica? 61
Antropoceno: fim do Holoceno 89
Causas do Antropoceno 125
Críticas ao Antropoceno 137
Breve história da humanidade 143
Desafios socioambientais 179
A urgência das ações coletivas 185
Tecnologia e inovação 195
Interconectividade atual 203
Sustentabilidade no Antropoceno..................................211
Desafios éticos e de governança 225
Resiliência e adaptação 237
Cooperação internacional 249
Sexta extinção em massa? 263
Alternativas ao Antropoceno 277
Um conto indesejado 285
Conclusão 303
Bibliografia 307
Sobre o autor 333

Introdução

O Antropoceno emergiu como um conceito-chave nos debates contemporâneos sobre as interações complexas e predatórias entre os humanos e o meio ambiente. Dada a realidade alarmante da degradação ambiental global, é imperativo compreender o significado e as implicações do Antropoceno para todas as sociedades, culturas e pessoas.

Este livro explora o Antropoceno, suas raízes conceituais, seu impacto em nossa compreensão da relação entre sociedade e natureza e o impacto das mudanças do Antropoceno no futuro de nosso planeta.

O Antropoceno pode ser definido como uma nova época geológica em que a atividade humana tem sido o principal motor da mudança ambiental global. Ao longo dos últimos séculos, os humanos desempenharam um papel fundamental na mudança dos ecossistemas da Terra e afetaram a atmosfera, os oceanos, as paisagens e a biodiversidade. Esse impacto generalizado e acelerado está criando desequilíbrios ecológicos significativos, ameaçando a sustentabilidade do planeta e o bem-estar das gerações futuras.

Compreender o Antropoceno é importante para avaliar a magnitude e a natureza das mudanças que nossa espécie trouxe ao sistema terrestre. Ao abordar as principais características e grandes eventos que marcaram esse período, as questões ambientais contemporâneas podem ser contextualizadas em uma escala histórica mais ampla.

O Antropoceno representa um afastamento fundamental dos padrões ecológicos anteriores, exigindo uma análise detalhada de como chegamos a esse ponto crítico. Este livro examina não apenas as causas e consequências do Antropoceno, mas também os diversos debates e perspectivas que surgiram em torno deste conceito.

Com base em pesquisas interdisciplinares, examinamos as contribuições das ciências naturais, sociais e humanas para nossa compreensão da complexa dinâmica socioambiental que caracteriza o Antropoceno. A partir dessas análises, temos a oportunidade de pensar os impactos éticos, políticos e culturais do Antropoceno e as ações necessárias para mitigar seus impactos negativos.

Embora o estado de degradação ambiental global seja sem dúvida alarmante, estudar o Antropoceno também oferece esperança e espaço para soluções. Ao entender como nosso relacionamento com o meio ambiente mudou ao longo do tempo, podemos repensar e redesenhar esse relacionamento para garantir um futuro sustentável.

Usando uma abordagem integrativa, exploramos como a mudança individual, institucional e global pode ajudar a construir um mundo mais justo, resiliente e harmonioso.

O livro é dividido em seções temáticas que tratam de diferentes aspectos do Antropoceno. Começamos com a definição do conceito de Antropoceno, suas características e peculiaridades. Apresentamos também uma breve introdução das Eras geológicas da terra e como o Antropoceno se situa nesta escala. Fazemos também uma análise histórica das mudanças ambientais ocorridas ao longo dos séculos, focando nos principais marcos que nos levaram à nossa atual crise socioambiental.

Em seguida, examinamos a complexa relação entre sociedade e natureza, explorando as diferentes teorias e perspectivas que moldam nossa compreensão dessa interação. O livro destaca temas centrais que moldam o debate sobre o Antropoceno, incluindo o advento da era industrial, exploração intensiva de recursos naturais, aceleração do crescimento populacional e mudanças climáticas.

Estudamos os efeitos destes fenômenos em diferentes regiões do globo, analisando os seus efeitos nos ecossistemas, na biodiversidade, nos ciclos hidrológicos e nas condições climáticas. Abordamos a distribuição desigual de desigualdades socioeconômicas e tensões ambientais dos impactos sociais e culturais do Antropoceno.

Examinamos como diversos grupos sociais são afetados desproporcionalmente pela mudança ambiental e como as respostas políticas e institucionais podem contribuir para a mudança e a justiça ambiental. Também demonstramos os desafios éticos e filosóficos colocados pelo Antropoceno. Além de discutir questões relacionadas à responsabilidade intergeracional, movimentos socioambientais, ética do desenvolvimento sustentável e preservação da diversidade cultural em um mundo em rápida mudança.

Finalmente, abordamos possíveis soluções para os problemas e desafios enfrentados. Consideramos exemplos de práticas e inovações sustentáveis que podem ajudar a reverter os danos ambientais. Além disso, demonstramos como as mudanças individuais e coletivas podem ocorrer na vida cotidiana e as políticas e acordos internacionais necessários para enfrentar os desafios globais.

Este livro visa fornecer ao leitor uma análise informada, acessível e aprofundada das ligações entre o Antropoceno e o atual estado de degradação ambiental global. Compreender a magnitude e a urgência dessas questões nos preparará para ações práticas efetivas para um futuro sustentável.

Convido você a embarcar nessa jornada de descoberta e reflexão, visando a criação de um mundo mais consciente, equilibrado e harmonioso.

O que é o Antropoceno?

O Antropoceno é uma proposta para entender o período presente que vivemos como uma nova época geológica que reflete o significativo impacto das atividades humanas no planeta.

O surgimento do conceito de Antropoceno é creditado ao químico atmosférico Paul Crutzen, um químico atmosférico e ganhador do Prêmio Nobel, e ao ecologista Eugene Stormer, que introduziram o termo em um artigo publicado em 2000.

Antropoceno é um termo derivado das palavras gregas "antropos" (humano) e "kainos" (que significa novo), referindo-se a uma nova época geológica na qual os seres humanos se tornaram a força dominante do planeta com forte impacto ecológico e geológico nos sistemas naturais da Terra (Lewis & Maslin, 2015). Portanto, o significado etimológico da palavra "Antropoceno" pode ser entendido como "novo período humano" ou "nova era dominada pelos seres humanos".

Assim, o Antropoceno é um conceito que descreve uma nova época geológica quando os humanos se tornaram a força dominante capaz de influenciar processos ecológicos e geológicos na Terra, igualmente as poderosas forças naturais o fizeram em outros momentos da história do planeta.

Neste sentido, o Antropoceno reconhece que as atividades humanas estão causando mudanças ambientais e geológicas, com impactos significativos na biodiversidade, ecossistemas, ciclos biogeoquímicos e clima da Terra.

O termo enfatiza os impactos significativos e duradouros das atividades humanas, como a industrialização, a urbanização, a agricultura intensiva, a queima de combustíveis fósseis, a movimentação de terras e a extração em larga escala de recursos naturais, igualando os impactos às épocas geológicas definidas por mudanças naturais na Terra.

O Antropoceno continua sendo objeto de debate e pesquisa, pois os cientistas buscam uma melhor compreensão destes impactos humanos na Terra e sua classificação adequada dentro das escalas geológicas (Bonneuil & Fressoz, 2017).

A idéia do Antropoceno surgiu de uma consciência crescente de que as atividades humanas estão tendo um impacto significativo e duradouro no sistema terrestre. Este conceito reconhece que as ações humanas levaram a mudanças ambientais e geológicas em escala global, com impactos significativos em vários campos da natureza, principalmente na biodiversidade, ecossistemas, ciclos biogeoquímicos e clima da Terra (Hamilton, 2017).

Os defensores do Antropoceno dizem que o período atual é um precedente dramático de uma possível extinção em massa, com vários indícios indubitáveis, incluindo a perda acelerada da biodiversidade, aumento das emissões de gases de efeito estufa, degradação do ecossistema, poluição generalizada por poluentes e mudanças na paisagem global. Argumentam que este cenário é caracterizado por mudanças ambientais profundas. E que essas mudanças são resultado direto de atividades humanas como industrialização, urbanização, agricultura intensiva, queima de combustíveis fósseis e extração em larga escala de recursos naturais.

Desde a introdução do termo, o conceito de Antropoceno tem sido objeto de discussão e debate na comunidade científica e na sociedade em geral. A proposta do Antropoceno desafia a visão tradicional do tempo geológico definido apenas pelas mudanças naturais na Terra e questiona a responsabilidade humana pelos impactos ambientais das mudanças nos ciclos naturais da Terra. Trata-se de uma visão altamente controversa (Waters et al., 2016).

Por isso, é importante ressaltar que o reconhecimento formal do Antropoceno como uma nova época geológica ainda não foi estabelecido definitivamente de forma unânime pela comunidade geocientífica. Os cientistas estão realizando estudos adicionais para avaliar a validade e duração do Antropoceno e as evidências geológicas para designá-lo como uma nova época geológica.

O debate sobre o Antropoceno continua gerando cada vez mais polêmicas a medida que as pesquisas avanças e um número crescente de adeptos se filiam a esta tese. Ao passo que a comunidade científica busca uma melhor compreensão dos impactos humanos na Terra e sua classificação adequada dentro da escala geológica.

Evidências do Antropoceno

Aqueles que afirmam que estamos de fato no Antropoceno fornecem evidências, dados, pistas e provas para apoiar esse argumento.

Dentre esses indícios, podemos destacar os seguintes:

- Influência Humana Dominante: O Antropoceno reconhece que os humanos se tornaram a força dominante moldando os processos ecológicos e geológicos na Terra. As atividades humanas, como a queima de combustíveis fósseis, o desmatamento, a agricultura intensiva e a urbanização, trouxeram mudanças significativas aos sistemas naturais. Essas atividades têm impactos profundos nos ciclos biogeoquímicos, clima, biodiversidade, paisagens e ecossistemas, alterando os processos naturais da Terra (Hamilton, 2017).

- Mudança ambiental: No Antropoceno, a mudança ambiental é onipresente e abrange múltiplas dimensões, tais com mudanças climáticas, perda de biodiversidade, poluição do ar e da água, degradação da terra e mudanças no ciclo da água. Essas mudanças são resultado direto de atividades humanas, como emissões de gases de efeito estufa, destruição de habitats naturais e introdução de espécies exóticas invasoras (IPBES, 2019).
- Escopo global: Outra característica fundamental do Antropoceno é sua escala global. A atividade humana não se limita a uma região, mas se espalha por todo o globo. Emissões de gases de efeito estufa, poluição, esgotamento de recursos naturais e outros impactos estão se espalhando por continentes e oceanos, impactando ecossistemas, comunidades e sistemas naturais em grande intensidade e larga escala global (Zalasiewicz et al., 2017).
- Aceleração da mudança: A aceleração da mudança ambiental é observada no Antropoceno em comparação com épocas geológicas anteriores. A atividade humana acelerou processos naturais que normalmente levariam milhares ou milhões de anos para serem concluídos. Por exemplo, algumas pesquisas apontam que a taxa de extinção de espécies é muito maior do que em qualquer época da história da Terra, e as mudanças climáticas estão ocorrendo em um ritmo sem precedentes (Steffen et al., 2015).

- Interconectividade: O Antropoceno é caracterizado pela crescente interconectividade entre as sociedades humanas e os sistemas naturais. A globalização, o comércio internacional, a imigração e as redes de comunicação aumentaram a interdependência entre países e regiões do mundo. Isso resulta em uma disseminação mais rápida dos impactos ambientais, tais como a disseminação de espécies exóticas ou a rápida disseminação de doenças, bem como desafios comuns que requerem ações colaborativas (Liu et al, 2015).

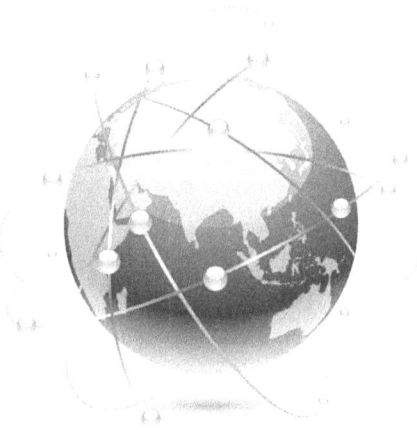

- Impacto global: Uma das marcas do Antropoceno é o impacto global da atividade humana. As atividades humanas impactam os ecossistemas e sistemas geológicos em todo o mundo, incluindo mudanças climáticas, perda de biodiversidade, poluição generalizada, mudanças nos ecossistemas e esgotamento dos recursos naturais. Esses impactos têm implicações globais significativas, afetando não apenas o meio ambiente, mas também a sociedade e a economia (Diaz et al., 2019).

- Mudanças no ciclo do carbono: As emissões antropogênicas de dióxido de carbono (CO_2) são uma das principais características do Antropoceno. A queima de combustíveis fósseis, o desmatamento e outras atividades liberam grandes quantidades de CO_2 na atmosfera, aumentando consideravelmente as concentrações atmosféricas desse gás de efeito estufa. Isso contribui para o aquecimento global e as mudanças climáticas, com impactos significativos nos padrões climáticos, níveis do mar, eventos extremos e colapsos dos sistemas naturais (Friedlingstein et al, 2019).

O ciclo do carbono é o processo natural de troca contínua de carbono entre a atmosfera, biosfera, geosfera e oceano. No entanto, a atividade humana, principalmente a queima de combustíveis fósseis e o desmatamento, está desequilibrando esse equilíbrio e provocando grandes mudanças. Uma das mudanças mais importantes no ciclo do carbono do Antropoceno é o aumento das emissões de dióxido de carbono (CO_2) na atmosfera.

A queima de combustíveis fósseis, como carvão, petróleo e gás natural, libera grandes quantidades de CO_2, que antes era armazenado no subsolo como carbono orgânico. Isso leva a um aumento na concentração de dióxido de carbono na atmosfera, contribuindo para o aquecimento global e as mudanças climáticas.

Além disso, o desmatamento e a degradação florestal estão reduzindo a capacidade dos ecossistemas terrestres de absorver CO_2 por meio da fotossíntese.

As florestas desempenham um papel importante na remoção de CO_2 da atmosfera por meio do processo de sequestro de carbono, mas a perda da cobertura florestal reduz essa capacidade e aumenta o acúmulo de CO_2 na atmosfera.

Essas mudanças no ciclo do carbono têm efeitos profundos nos equilíbrios climáticos e nos ecossistemas. O aumento de CO_2 na atmosfera contribui para o efeito estufa, levando ao aquecimento global e às mudanças climáticas. Isso pode afetar os padrões climáticos, a superfície do mar, os ecossistemas marinhos e terrestres, com impactos severos na biodiversidade e na sustentabilidade dos recursos naturais (Ciais et al., 2013).

Para lidar com essas mudanças no ciclo do carbono, esforços estão sendo feitos para reduzir as emissões de carbono por meio de uma mudança para fontes de energia renováveis, eficiência energética, conservação de energia e práticas sustentáveis de manejo florestal. Além disso, esforços estão sendo feitos para aumentar o sequestro de carbono por meio do plantio de árvores, restauração de ecossistemas e práticas agrícolas regenerativas.

Em síntese, as mudanças no ciclo do carbono do Antropoceno devem-se principalmente ao aumento das emissões de CO_2 provenientes da queima de combustíveis fósseis e do desmatamento. Essas mudanças estão tendo um impacto significativo no clima e nos ecossistemas do planeta, cabe destacar a importância de ações para reduzir as emissões e promover a sustentabilidade ambiental.

- Homogeneização biológica: O Antropoceno é caracterizado por significativa homogeneização biológica resultante da introdução de espécies exóticas invasoras, expansão da agricultura intensiva, urbanização e destruição de habitats naturais. Isso leva à perda de diversidade biológica, deslocamento de espécies nativas por espécies exóticas e empobrecimento dos ecossistemas. A homogeneização biológica pode afetar adversamente a resiliência dos ecossistemas, a realização de processos ecossistêmicos e a estabilidade do sistema natural (Ricotta & Celesti-Grapow, 2019).

Uma das principais mudanças observadas durante o Antropoceno é a homogeneização biológica, também conhecida como biotransformação ou biosimplificação. Essa homogeneização é entendida como uma perda de biodiversidade e uma redução das diferenças entre as comunidades bióticas em escala global.

A homogeneização biológica ocorre por meio de várias atividades humanas, como o comércio internacional, o transporte de espécies exóticas, a urbanização e a agricultura intensiva.

Essas atividades espalharam espécies invasoras para diferentes partes do mundo, muitas vezes em detrimento das espécies nativas. Isso leva à diminuição da biodiversidade local e à formação de comunidades biológicas mais semelhantes entre si (McKinney, 2008).

Um exemplo proeminente de homogeneização biológica é a disseminação intencional e aleatória de espécies exóticas de animais e plantas em ecossistemas naturais. Quando introduzidas em novas áreas fora de seu habitat natural, essas espécies exóticas podem competir com espécies nativas por recursos e espaço, levando ao declínio ou extinção.

Além disso, a expansão da agricultura intensiva em larga escala levou à conversão de paisagens naturais em monoculturas, levando também à perda de habitat e declínio da biodiversidade (Bellard et al, 2016).

A homogeneização biológica afeta negativamente o funcionamento dos ecossistemas e dos serviços ecossistêmicos. A perda de biodiversidade torna os ecossistemas menos resilientes e mais vulneráveis a distúrbios, doenças e mudanças ambientais. Além disso, a simplificação da biótica pode levar à perda de funções do ecossistema, como a polinização, a decomposição de matéria orgânica e a regulação da ciclagem de nutrientes, o que pode afetar adversamente a produção de alimentos, a qualidade da água e a estabilidade dos ecossistemas (Ricotta & Celesti-Grapow, 2019).

Mitigar os efeitos da homogeneização biológica requer medidas de conservação e manejo adequado dos ecossistemas. Isso inclui o desenvolvimento de políticas para proteger áreas naturais, promover práticas agrícolas sustentáveis, combater espécies invasoras e proteger e restaurar a biodiversidade.

Em resumo, o Antropoceno experimentou a homogeneização biológica por meio da disseminação de espécies exóticas, conversão de habitats naturais em terras agrícolas e declínio da biodiversidade.

Esta biosimplificação tem um impacto negativo nos ecossistemas, destacando a importância das medidas de conservação e restauração da biodiversidade para promover a sustentabilidade ambiental e a resiliência dos ecossistemas.

- Geoengenharia: Além dos impactos no ambiente biológico, o Antropoceno é caracterizado por significativa geoengenharia humana. Isso inclui atividades como mineração em grande escala, extração de águas subterrâneas, construção de barragens, desvio de rios, escavação de canais e outras intervenções geológicas. Essas atividades podem alterar paisagens, hidrologia, dinâmica sedimentar e processos geológicos naturais, com impactos de longo prazo na sustentabilidade dos ecossistemas e recursos naturais (Bardi, 2018).

É importante enfatizar que as manipulações geológicas induzidas por humanos durante o Antropoceno podem ser medidas quantitativamente por uma variedade de índices que descreveremos mais a frente neste livro. Essas medições fornecem uma visão abrangente dos impactos e mudanças que ocorrem na Terra como resultado da atividade humana.

- Uso generalizado de materiais sintéticos: desde meados do século 20, a produção e o consumo em larga escala de plásticos, polímeros e outros materiais sintéticos trouxeram mudanças profundas aos ecossistemas terrestres e à vida aquática e foram identificados como uma marca do Antropoceno. Essas substâncias muitas vezes resistentes e persistentes se acumulam no meio ambiente, causando problemas ambientais complexos e duradouros (Geyer, Jambeck & Law, 2017).

A produção de plástico, em particular, aumentou significativamente nas últimas décadas. Estima-se que 8,3 bilhões de toneladas de plástico foram produzidas desde o início da produção em massa, e que grande parte desse plástico continua se acumulando em aterros sanitários, oceanos e outros ecossistemas naturais.

Esse acúmulo de plástico traz sérias consequências para a vida marinha. Milhões de animais marinhos são afetados pela ingestão ou enredamento em detritos plásticos. A ampla distribuição de microplásticos, minúsculas partículas produzidas pela decomposição de plásticos maiores, também é uma preocupação crescente.

O impacto do uso de materiais sintéticos vai além da contaminação física. A produção desses materiais requer uso intensivo de recursos naturais não renováveis, como petróleo e gás natural, e emite grandes quantidades de gases de efeito estufa. Além disso, a dependência de materiais sintéticos pode ter impactos sociais e econômicos, pois as comunidades vulneráveis geralmente sofrem impactos adversos na produção, como poluição da água e perda de meios de subsistência tradicionais.

Várias estratégias estão sendo apontadas para enfrentar os desafios colocados pelo uso de materiais sintéticos. Essas estratégias incluem reduzir o consumo, desenvolver materiais alternativos mais sustentáveis, reciclar e reutilizar os plásticos existentes e aumentar a regulamentação e a conscientização pública sobre o impacto ambiental desses materiais.

Os esforços para eliminar os plásticos de uso único e promover uma economia circular estão ganhando força globalmente, com ações nos níveis individual, comunitário e nacional (Comissão Europeia, 2018).

No entanto, a transição para um uso mais sustentável de materiais sintéticos é uma tarefa complexa que requer mudanças em vários setores da sociedade. É necessária uma abordagem multidisciplinar envolvendo cientistas, formuladores de políticas, empresas e a sociedade em geral para fomentar a inovação, possibilitar a mudança comportamental e introduzir práticas mais sustentáveis no uso de materiais sintéticos.

- Declínio da cobertura vegetal: Esta é uma das marcas registradas do Antropoceno, decorrente da expansão agrícola, do desmatamento, da urbanização e de outras atividades humanas que levaram a reduções significativas na cobertura vegetal em todo o mundo.

Essas mudanças têm implicações de longo alcance para os ecossistemas, serviços ecossistêmicos e equilíbrios climáticos. O desmatamento para expansão agrícola é uma das principais razões para a perda de vegetação.

A necessidade de terra para cultivo de alimentos, criação de animais e produção de biocombustíveis resultou no desmatamento generalizado de florestas tropicais e outras camadas vegetais. Estima-se que a perda de florestas tropicais libere bilhões de toneladas de dióxido de carbono na atmosfera, exacerbando o problema da mudança climática (Foley et al, 2005).

Além disso, devido à crescente urbanização e expansão das áreas construídas, os ecossistemas naturais têm sido substituídos por concreto e asfalto. O crescimento urbano está fragmentando e destruindo habitats naturais, afetando a biodiversidade e os serviços ecossistêmicos (Grimm et al., 2008).

A substituição da vegetação natural por superfícies artificiais também leva ao aumento do calor urbano e à diminuição da qualidade do ar (Akbari et al., 2001).

Os efeitos da redução da cobertura vegetal são múltiplos e muito graves.

A perda de habitats naturais leva à redução da biodiversidade e à perda de espécies vegetais e animais (Newbold et al., 2015). Além disso, a vegetação desempenha um papel importante na regulação dos ciclos da água, na estabilização dos solos e na mitigação das mudanças climáticas por meio da absorção de dióxido de carbono.

A diminuição da cobertura vegetal contribui, assim, para a degradação da terra, erosão, perda de serviços ecossistêmicos e mudanças climáticas exacerbadas (Lal, 2015).

É necessária uma ação coordenada em nível global para reverter essa tendência alarmante.

Esforços de conservação da biodiversidade, restauração florestal e introdução de práticas agrícolas sustentáveis são essenciais para promover a regeneração da cobertura vegetal (Foley et al., 2005).

Além disso, o planejamento urbano e as políticas de uso do solo que consideram a importância da vegetação e dos espaços verdes também desempenham um papel importante na manutenção e promoção da vegetação urbana (McDonald et al., 2020).

Citamos algumas das evidências do Antropoceno neste capítulo. Passaremos agora a explicar com mais detalhes estes fatores apontados como características de que estamos realmente numa época que deve ser caracterizada pelas ações humanas de degradação ambiental generalizada.

Impacto do asteróide humano

Uma nova ameaça está pairando sobre a Terra. Não é um asteróide vindo do espaço sideral, mas um processo interno chamado Antropoceno, muito mais sutil, persistente e de longo alcance. Nesta era atual, a humanidade provou ser a força dominante, moldando e influenciando o destino do planeta suas ações e decisões. À medida que a população humana cresce em número e qualitativamente com suas tecnologias, seus impactos e influências se espalham em todas as direções.

O desmatamento implacável praticado pelo ser humano está devorando as florestas primárias, abrindo caminho para a expansão agrícola e a urbanização generalizada.

A poluição contamina rios e oceanos exterminando e comprometendo a vida aquática. A mudança climática induzida pelo homem causa eventos extremos, como secas, inundações e tempestades cada vez mais severas (Lewis et al., 2015).

Como os impactos de asteroides, o Antropoceno terá efeitos de longo alcance. A biodiversidade está diminuindo e espécies valiosas estão desaparecendo em taxas alarmantes. Ecossistemas inteiros são danificados e incapazes de se adaptar com rapidez suficiente às mudanças causadas pela atividade humana. Os ciclos naturais da Terra são interrompidos e o delicado equilíbrio da vida está em constante perigo.

Mas há uma diferença crucial entre o impacto de um asteróide e o Antropoceno.

Enquanto os asteróides foram eventos isolados, o Antropoceno é um fenômeno contínuo moldado pelo acúmulo diário da atividade humana.

Podemos escolher nossos caminhos, ações e mudanças que fazemos para minimizar ou aumentar os danos, podemos buscar uma convivência mais harmoniosa com a natureza.

A colisão do asteróide vindo do espaço e o Antropoceno são eventos de magnitude diferentes que abalou e abala, a Terra. O impacto do asteróide foi um evento único e repentino, o Antropoceno é um processo contínuo, multifacetado e de longo prazo que requer nossa atenção e ação imediatas. Nós humanos temos a responsabilidade de buscar soluções sustentáveis, conservar a biodiversidade e proteger o planeta para as gerações futuras.

Há cerca de 66 milhões de anos um asteróide colidiu com a Terra, causando um evento de escala catastrófica e a extinção dos dinossauros. A energia liberada naquele momento desencadeou uma onda de choque que ressoou por todo o mundo e causou uma enorme agitação geológica.

Enormes crateras foram formadas, montanhas foram deslocadas e os oceanos foram agitados por ondas enormes. Este evento, conhecido como evento de impacto, deixou uma marca indelével na história geológica da Terra.

Esses impactos podem ter muitos efeitos imediatos, como liberar energia equivalente à detonação de múltiplas bombas nucleares, formar crateras e liberar muito material na atmosfera. Além disso, impactos de asteroides podem causar incêndios, terremotos e tsunamis em massa, levando a danos e extinções em massa (McDonald et al, 2020).

No entanto, observar os movimentos geológicos que ocorrem atualmente no Antropoceno revela algumas semelhanças impressionantes com os impactos de asteróides do passado.

Embora as causas sejam diferentes, o impacto humano no planeta é comparável em escala e impacto ambiental. Nesse sentido, a atividade humana moldaria o destino geológico da Terra (Ellis, 2011).

Estudos mostram que a atividade humana é responsável por mudanças geológicas significativas comparáveis às que ocorreram durante impactos de asteroides. O desmatamento em larga escala, a mineração em larga escala, a construção de infraestrutura e o aumento da urbanização estão causando processos contínuos de movimentação geológica em muitas partes do mundo (Claeys, 2018).

A exploração descontrolada dos recursos naturais tem levado à instabilidade geotécnica em muitas regiões, causando deslizamentos de terra, subsidência e deslizamentos de terras. Na Amazônia, por exemplo, o desmatamento é intenso e os solos desprotegidos pela cobertura florestal estão sujeitos à erosão e à migração, causando desequilíbrios geológicos e impactando a biodiversidade local.

Além disso, as atividades de mineração têm um impacto significativo nos movimentos geológicos. A mineração de terras e jazidas de combustíveis fósseis geralmente requer perfuração profunda e extensa, o que pode levar ao colapso de áreas subterrâneas e mudanças estruturais nas rochas circundantes e corpos d'água subterrâneos. Isso leva a subsidência de terra, mudança topográfica e instabilidade da terra (Kemp & Owen, 2017).

A aceleração da urbanização também está associada a mudanças geológicas significativas. A construção de edifícios, estradas e infraestrutura requer escavação e recuperação, o que pode afetar a estabilidade do solo.

Além disso, o uso excessivo de águas subterrâneas em áreas urbanas pode levar a um fenômeno chamado subsidência do solo, que pode causar danos estruturais a edifícios e infraestruturas (Angel, Parent & Civco, 2011).

Assim, embora as alterações geológicas e atmosféricas desencadeadas pelo Antropoceno sejam um processo contínuo e lento em comparação com os impactos de asteróides do passado, seus efeitos são igualmente poderosos e duradouros.

O Antropoceno é caracterizado por uma aceleração rápida e contínua sem precedentes das mudanças geológicas impulsionadas pela atividade humana e seu impacto na Terra. À medida que a população mundial cresce e a necessidade de recursos aumenta, o impacto desse movimento geológico se torna mais aparente.

Os impactos do Antropoceno incluem a degradação do ecossistema, perda de biodiversidade, erosão do solo, poluição do aqüífero e desastres naturais relacionados à terraplenagem. Diante desse cenário, é importante agir de forma consciente e responsável para minimizar os impactos negativos dos impactos geológicos.

Implementar medidas de conservação ambiental, promover práticas sustentáveis e encontrar alternativas de energia limpa são ações que podem ajudar a mitigar a variabilidade geológica do Antropoceno e manter a estabilidade planetária.

Em uma escala direta, os movimentos geológicos induzidos pelo Antropoceno podem ser comparados aos impactos de asteroides.

Ambos têm algo em comum: o poder de mudar o ambiente global. Devemos reconhecer nossa responsabilidade e buscar soluções sustentáveis para mitigar os impactos negativos dessa mudança geológica e garantir a preservação do nosso planeta para as gerações futuras.

Um exame da atual dinâmica geológica do Antropoceno encontra paralelos com catástrofes de asteróides.

A atividade humana aumentou significativamente a frequência de terremotos associados à exploração de petróleo e gás, de acordo com um estudo da Sociedade Geológica da América. Esses tremores podem ser comparados a ondas de choque produzidas por impactos de asteroides que abalam a crosta terrestre e alteram paisagens inteiras (Bilham, 2018).

Outra semelhança é o movimento de massas de terra. Enquanto os impactos de asteróides criaram crateras impressionantes, a atividade humana do Antropoceno levou a projetos de construção em larga escala. De acordo com o Programa Ambiental das Nações Unidas, desde 1992 mais estradas, ferrovias e edifícios foram construídos do que nunca. Essas megaestruturas mudam a paisagem, movem as montanhas da Terra e mudam a topografia de regiões inteiras.

Impactos anteriores de asteróides também mudaram a composição da atmosfera e a temperatura da Terra, e o Antropoceno não é exceção. O aumento das emissões de gases de efeito estufa provenientes da queima de combustíveis fósseis está causando mudanças climáticas. De acordo com a National Oceanic and Atmospheric Administration (NOAA, 2022), as concentrações atmosféricas de dióxido de carbono aumentaram cerca de 47% desde a revolução industrial.

Essa mudança climática está tendo uma série de efeitos que rivalizam com a devastação causada por asteróides no passado, incluindo o derretimento das camadas de gelo e o aumento do nível do mar.

Olhando para a linha do tempo, vemos paralelos impressionantes entre os movimentos geológicos do Antropoceno e os impactos de asteroides. Um é obra do universo, o outro é obra da humanidade, mas ambos têm o poder de mudar o destino da terra.

Nosso desafio agora é reconhecer o impacto desses eventos e trabalhar juntos para minimizar os impactos negativos do Antropoceno e garantir um futuro sustentável para o nosso planeta.

Como os impactos de asteróides, a agitação geológica do Antropoceno terá efeitos duradouros e de longo alcance. A mudança climática, impulsionada em grande parte pela atividade humana, está afetando os padrões de temperatura e precipitação em todo o mundo, causando condições climáticas extremas, aumento do nível do mar e destruição do ecossistema.

Além disso, a perda de biodiversidade por meio da destruição de habitats naturais tem impactos significativos na estabilidade e resiliência do ecossistema. Medições de mudanças no uso da terra e a cobertura vegetal também são relevantes para avaliar a influência humana no Antropoceno.

O desmatamento, a expansão agrícola, a urbanização e outras mudanças no uso da terra são visíveis.

Mas estas mudanças são também quantificadas usando imagens de satélite, o que nos permite avaliar a magnitude e a taxa de mudança ao longo do tempo. Essas medições nos ajudam a entender as mudanças na paisagem e na biodiversidade causadas por atividades humanas (Akbari, Pomerantz & Taha, 2001).

A movimentação de terras é um critério importante que os cientistas consideram para definir e caracterizar o Antropoceno. O termo "nivelamento da terra" refere-se às atividades humanas que resultam em mudanças significativas na estrutura, composição e cobertura da superfície da Terra.

No contexto do Antropoceno, a engenharia civil envolve diversos atos humanos como: aumento da urbanização, construção de infraestrutura, mineração, agricultura intensiva, desmatamento e desenvolvimento industrial. Essas atividades levam a mudanças dramáticas na paisagem natural, levando à perda de habitat, degradação da terra, erosão, assoreamento de rios e alteração de cursos de água (Foley et al., 2005).

Esse movimento de terras é um importante indicador do impacto humano no planeta, pois demonstra a capacidade dos humanos de alterar o ambiente natural de maneira significativa e muitas vezes irreversível. É uma expressão visível da capacidade que os humanos demonstraram ao longo do Antropoceno para alterar paisagens e ecossistemas (Grimm, 2008).

Para estimar a extensão do movimento de terras, os pesquisadores usam uma variedade de técnicas e ferramentas, incluindo imagens de satélite, sensoriamento remoto, modelos de computador e dados geoespaciais.

Essas abordagens permitem a medição e monitoramento de mudanças na cobertura vegetal, expansão urbana, desmatamento, mineração e outros processos associados à movimentação de terras.

Medições quantitativas do movimento de terras fornecem informações importantes para nos ajudar a entender os impactos humanos no meio ambiente e desenvolver estratégias de gestão e conservação. Além disso, como à movimentação de terras é um dos principais indicadores da atividade humana que moldou a Terra nas últimas décadas. Essas medições estabelecem um cronograma e são úteis para delinear as transições para o Antropoceno.

Movimentação de terras

Um dos fatores associados às mudanças das Eras glaciais é à grande movimentação de terras que o planeta experimenta nestes períodos de transição. Então, nada mais significativo do que conferir se no Antropoceno esta grande movimentação de terras realmente está existindo.

Medir os movimentos de terras do Antropoceno requer o uso de vários critérios, instrumentos e técnicas. Alguns deles são apresentados a seguir.

Critérios
A mudança na cobertura do solo avalia, entre outras coisas, a transformação de áreas naturais em áreas agrícolas e industriais urbanizadas.

As mudanças na cobertura da terra no Antropoceno são uma grande preocupação devido ao seu profundo impacto nos ecossistemas do planeta (Steffen, 2015).

As principais características da mudança de cobertura do solo são:

- Expansão agrícola: A necessidade de terra para a produção de alimentos e biocombustíveis está convertendo terras naturais, como florestas e savanas, em terras agrícolas. Isso leva à perda de habitat, fragmentação do ecossistema e perda de biodiversidade.
- Urbanização acelerada: O crescimento urbano transformou áreas naturais em áreas urbanizadas, levando à perda de habitat, fragmentação do ecossistema e perda de vegetação. Além disso, a expansão urbana aumenta o calor urbano e degrada a qualidade do ar.
- Desmatamento e degradação florestal, com o desmatamento, especialmente nas florestas tropicais, tornando-se um dos principais motores da mudança no uso da terra. Com a exploração madeireira ocorre a conversão para agricultura e desenvolvimento de infraestrutura, tornando-se os principais impulsionadores desse processo. O desmatamento contribui para a liberação de dióxido de carbono na atmosfera, acelerando as mudanças climáticas e ameaçando a biodiversidade;

- Extração de recursos naturais: A exploração intensiva de recursos naturais, como mineração e extração de petróleo, gás e minerais, leva à destruição do ecossistema e perda de vegetação. Isso afeta a biodiversidade e os serviços ecossistêmicos essenciais para a manutenção da vida na Terra.
- Infraestrutura de transporte: A construção de estradas, ferrovias e outras infraestruturas de transporte requer a conversão de áreas naturais em espaços urbanizados. Isso leva à fragmentação do ecossistema, fluxos interrompidos de espécies e perda de vegetação.

- Mudança no uso da terra: Mede a mudança original no uso da terra. B. Desmatamento para Agricultura, Mineração e Expansão Urbana (Ellis, 2015).

- Erosão do solo: Quantifica a perda de solo causada pela remoção da cobertura vegetal e exposição à água e ao vento (Montgomery, 2007).

Esta última característica relacionada à erosão está atrelada a uma série de fatores, por isso possui desdobramentos juntos a outros impactos ambientais.

Em regra a erosão vem acompanhada de uma série de indicadores da degradação socioambiental praticada no Antropoceno. Os quais sintetizamos, a seguir:

- Más práticas agrícolas: Desmatamento para expandir a agricultura e uso de más práticas agrícolas, como o cultivo em encostas íngremes sem proteção adequada do solo é um fator importante na erosão do solo. A remoção da cobertura vegetal e o mau manejo do solo expõem as superfícies à ação direta da chuva e do vento, aumentando os índices de erosão;
- Compactação do solo: A compactação do solo devido a equipamentos agrícolas pesados e tráfego de veículos e pisoteio de animais pode causar erosão. A compactação reduz a porosidade do solo, dificultando a penetração da água, aumentando o escoamento superficial e causando erosão hídrica;
- Mudanças climáticas: As mudanças climáticas desempenham um papel importante na erosão do solo. Eventos climáticos extremos, como chuvas intensas e secas prolongadas, tornam os solos mais suscetíveis à erosão. O aumento de eventos climáticos extremos associados às mudanças climáticas pode acelerar a erosão do solo;

- Perda de biodiversidade: A perda de biodiversidade por meio de mudanças no uso da terra e destruição do habitat afeta negativamente a estrutura e a estabilidade do solo. A presença de vários organismos como plantas, microorganismos e animais do solo é essencial para a formação e manutenção da estrutura do solo e reduz os efeitos da erosão;

- Práticas precárias de manejo do solo: O uso de práticas precárias de manejo do solo, como desmatamento sem conservação, monoculturas intensivas e uso excessivo de pesticidas, contribui para a erosão. Essas práticas reduzem a capacidade de retenção de água do solo, tornando-o menos fértil e mais suscetível à erosão;

- Desmatamento: O desmatamento de florestas e vegetação natural é uma das principais causas da erosão do solo. As raízes das árvores e a cobertura de serapilheira fornecem um amortecedor natural contra a erosão e ajudam a manter a estabilidade do solo. O desmatamento remove essa proteção, expondo os solos à erosão da água e do vento;
- Uso intensivo de máquinas agrícolas: O uso de máquinas agrícolas pesadas em terras cultivadas pode causar compactação do solo. A compactação reduz a capacidade de infiltração da água, aumenta o escoamento superficial e danifica a estrutura do solo, tornando-o mais suscetível à erosão;

- Alteração da cobertura vegetal: A substituição da vegetação natural por pastagens, monoculturas ou sistemas agrícolas intensivos reduz a cobertura vegetal e protege contra a erosão do solo. Menos vegetação expõe o solo aos efeitos diretos da chuva e do vento, aumentando a taxa de erosão;

- Sinergia: As propriedades descritas geralmente trabalham juntas para criar um efeito sinérgico na erosão do solo. Por exemplo, desmatamento, uso inadequado da terra, mudança na cobertura da terra e eventos climáticos extremos podem se combinar para produzir taxas de erosão significativamente mais altas do que qualquer um dos fatores isoladamente;

- Impactos socioeconômicos: A erosão do solo tem impactos socioeconômicos significativos, afetando a produção agrícola, a segurança alimentar e os meios de subsistência das comunidades dependentes da terra. Além disso, a erosão pode levar à degradação dos recursos hídricos, afetando negativamente a disponibilidade de água doce e a qualidade dos ecossistemas aquáticos.

A erosão do solo do Antropoceno tem sérias consequências, incluindo perda de nutrientes e matéria orgânica do solo, redução da produtividade agrícola, assoreamento de rios e cursos de água, degradação de ecossistemas e aumento da poluição dos recursos hídricos (Govers et al., 2009).

Essas características da mudança do uso das terras no Antroceno têm profundas implicações para o equilíbrio do ecossistema, perda de biodiversidade, mudança climática, ciclos biogeoquímicos, estabilidade do solo e provisão de serviços ecossistêmicos essenciais (Foley et al, 2005).

Superar estes problemas requer uma abordagem holística, incluindo a adoção de práticas agrícolas sustentáveis, bom planejamento urbano, proteção de áreas naturais, restauração de ecossistemas degradados e descoberta de fontes de energia limpas e renováveis.

É necessária uma abordagem integrada que combine práticas de conservação do solo, como terraços, plantio direto, sistemas agroflorestais e rotação de culturas com reflorestamento e medidas de restauração do ecossistema para combater a erosão do solo do Antropoceno.

Essas medidas visam limitar a erosão, promover a saúde do solo e garantir a sustentabilidade em longo prazo das atividades humanas.

Instrumentos

Os instrumentos que medem à movimentação de terras do Antropoceno desempenham um papel importante na compreensão e monitoramento das mudanças na cobertura da terra (Roy et al, 2019).

Apresentamos e analisamos, a seguir, os instrumentos mais utilizados para aferir esta movimentação de terras:

a) Sensoriamento remoto: O sensoriamento remoto é uma ferramenta amplamente utilizada para medir à movimentação de terras. Com a ajuda de satélites, aeronaves e *drones* equipados com sensores especiais, imagens e dados podem ser adquiridos regularmente de diferentes partes do mundo. Isso permite monitorar continuamente as mudanças na cobertura do solo e identificar áreas de desmatamento, urbanização, erosão e outras formas de degradação.

b) Sistema de Informação Geográfica (SIG): O SIG é uma plataforma que combina dados geográficos como imagens de satélite, mapas e informações socioeconômicas com ferramentas de análise espacial. Esses sistemas permitem a integração e análise de diferentes tipos de dados relacionados a movimentos de terras. Eles fornecem recursos para mapear, medir e modelar mudanças na cobertura da terra e avaliar seus impactos socioambientais.

c) Modelagem e Simulação: Modelagem e simulação são técnicas para reproduzir processos e padrões de terraplenagem em escala computacional. Modelos matemáticos e algoritmos permitem prever e simular cenários de mudanças na cobertura do solo. Essas ferramentas nos ajudam a entender os impulsionadores do deslocamento de terra e permitem a avaliação de diferentes estratégias de gestão e mitigação.

d) Monitoramento de campo: O monitoramento de campo coleta dados diretamente de um local específico para avaliar os movimentos da terra. Isso pode ser feito por meio de levantamentos topográficos, coleta de amostras de solo, instalação de sensores e medição de parâmetros ambientais. Essas informações fornecem dados detalhados sobre as propriedades físicas, químicas e biológicas do solo e a dinâmica da vegetação e da erosão.

e) Rede de monitoramento: Uma rede de monitoramento consiste em uma série de estações geograficamente distribuídas em várias áreas que registram continuamente dados de movimento do solo, como precipitação, temperatura, umidade do solo e velocidade do vento. Essas redes permitem o monitoramento de longo prazo das condições ambientais e a identificação de padrões e tendências na mudança da cobertura da terra (Mokarram et al, 2021).

f) Redes de sensores: As redes de sensores consistem em dispositivos autônomos que coletam e transmitem dados em tempo real sobre parâmetros ambientais relevantes, como umidade do solo, temperatura, umidade e qualidade da água. Esses sensores podem ser implantados em regiões-chave para monitorar movimentos de terra e fornecer informações contínuas sobre as condições ambientais locais.

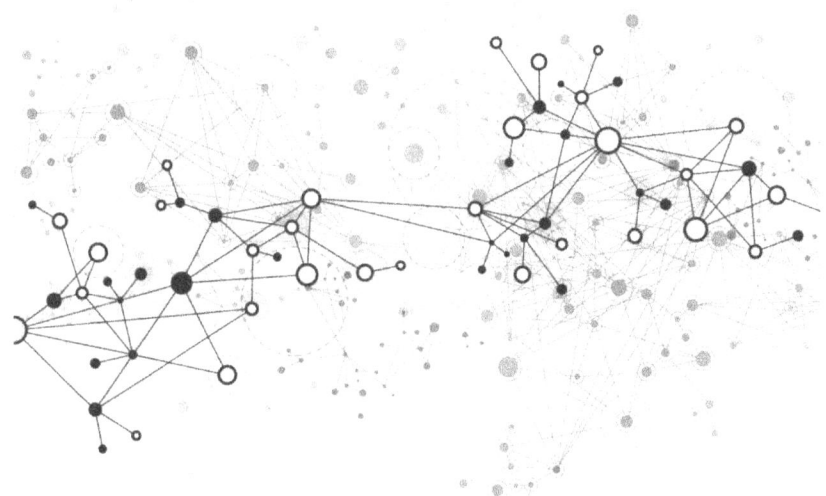

g) Análise geoespacial: A análise geoespacial é uma abordagem que utiliza técnicas estatísticas e algoritmos avançados para extrair informações e padrões de dados coletados por instrumentos de levantamento civil. Isso inclui técnicas como análise de imagem, análise de padrão espacial e modelagem preditiva que ajudam a identificar áreas de risco, padrões de mudança e tendências futuras na cobertura da terra (Van der Linden et al, 2015).

h) Integração de dados entre plataformas: a integração de dados de várias plataformas, como sensoriamento remoto, monitoramento de campo e redes de sensores, é fundamental para uma compreensão abrangente e precisa da movimentação de terras. A combinação de dados de diferentes fontes e resoluções espaciais permite uma análise mais abrangente dos processos e padrões associados à mudança da cobertura da terra.

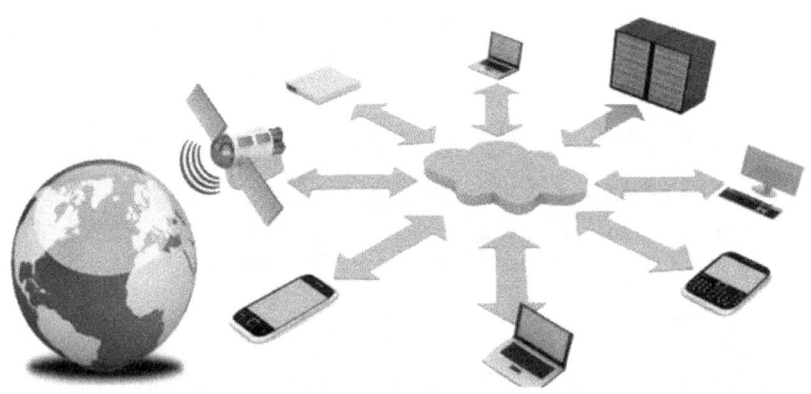

i) Compartilhamento e colaboração de dados: No contexto do deslocamento de terra do Antropoceno, o compartilhamento de dados e a colaboração entre instituições e pesquisadores desempenham um papel importante. Isso permitirá uma compreensão mais profunda dos processos e impactos da engenharia civil em diferentes regiões do mundo, facilitando o compartilhamento de conhecimento, melhores práticas e estratégias de mitigação.

j) Tomada de decisão baseada em evidências: as ferramentas de medição de movimento do solo fornecem dados objetivos e baseados em evidências para apoiar a tomada de decisões sobre o gerenciamento sustentável da cobertura da terra. As informações coletadas e analisadas ajudam governos, grupos ambientais e partes interessadas a implementar políticas e práticas apropriadas voltadas para a conservação dos recursos naturais, redução da degradação ambiental e promoção do desenvolvimento sustentável.

A combinação dessas medições da movimentação de terras fornece uma visão abrangente e detalhada da mudança na cobertura da terra no Antropoceno.

Essas ferramentas são essenciais não apenas para monitorar e avaliar os impactos ambientais das atividades humanas, mas também para desenvolver estratégias de gestão sustentável e mitigar os impactos adversos das obras de engenharia civil (Chen et al., 2018).

Assim, os instrumentos que medem à movimentação de terras do Antropoceno desempenham um papel importante na compreensão e monitoramento das mudanças na cobertura da terra. Essas ferramentas fornecem dados valiosos e análises aprofundadas que contribuem para a tomada de decisões informadas e a implementação de práticas sustentáveis de gestão de terras.

Técnicas

Várias técnicas de medição de movimentação de terras desempenham um papel importante na compreensão e monitoramento das mudanças na cobertura do solo. Além disso, os Sistemas de Informações Geográficas (SIG) são amplamente utilizados para integrar e analisar dados geográficos, permitindo a visualização e o mapeamento das mudanças na cobertura do solo ao longo do tempo.

Essa abordagem espacial permite identificar padrões de ocupação, tendências de uso da terra e áreas de risco. Combinadas, essas técnicas fornecem uma compreensão abrangente da movimentação de terras e auxiliam na tomada de decisões relacionadas ao manejo do solo e à conservação ambiental (Escadafal et al, 2019).

Essas técnicas permitem criar cenários hipotéticos e prever os impactos das mudanças na cobertura do solo.

Através da modelagem, é possível simular diferentes condições e cenários, avaliar os efeitos de intervenções no uso da terra e desenvolver estratégias de manejo e mitigação.

Além disso, o monitoramento de campo desempenha um papel importante na coleta direta de dados em locais específicos, permitindo uma avaliação detalhada das mudanças na cobertura do solo.

A combinação dessas diferentes técnicas de medição permite uma compreensão mais abrangente e precisa dos processos de movimentação de terras no Antropoceno, permitindo a tomada de decisões informadas e a implementação de estratégias sustentáveis de manejo do solo. Fornecer uma base sólida para essas técnicas contribui para análises abrangentes e precisas dos processos envolvidos. Uma visão geral dessas técnicas é fornecida abaixo.

- Sensoriamento remoto: O sensoriamento remoto envolve a captura de imagens e dados de satélites, aeronaves e *drones* equipados com sensores especializados. Essa tecnologia permite a aquisição de informações sobre a cobertura do solo em larga escala e em diferentes épocas, possibilitando a detecção de mudança de vegetação, desmatamento, urbanização, erosão e outros fenômenos relacionados à movimentação de terras.
- Sistemas de Informação Geográfica (SIG): O SIG é uma ferramenta que integra dados geográficos como imagens de satélite, mapas e informações socioeconômicas para permitir a análise espacial e temporal da cobertura da terra. Técnicas de análise de dados espaciais podem ser usadas para mapear e monitorar mudanças na cobertura da terra, identificar padrões de assentamento e realizar análises de tendências ao longo do tempo.
- Modelagem e simulação: Modelagem e simulação são técnicas que utilizam modelos matemáticos e computacionais para reproduzir os processos de deformação do solo. Essas técnicas nos permitem criar cenários hipotéticos e prever os impactos da mudança na cobertura da terra. Além disso, a modelagem ajuda a identificar os *drivers* e desenvolver estratégias de gestão e mitigação. Monitoramento de campo: O monitoramento de campo coleta dados

diretamente de locais específicos para avaliar as mudanças na cobertura da terra. Isso pode incluir levantamentos topográficos, amostragem de solo, instalações de sensores e medições de parâmetros ambientais. Esses dados fornecem informações detalhadas sobre as propriedades físicas, químicas e biológicas dos solos, bem como sobre a dinâmica da vegetação e a ocorrência de processos erosivos.

- Monitoramento contínuo: Além de medições pontuais, é importante estabelecer um programa de monitoramento contínuo para monitorar as mudanças no movimento da Terra. Isso pode incluir o uso de estações meteorológicas, monitores de erosão e sistemas de observação de longo prazo.

- Rede de monitoramento: Uma rede de monitoramento consiste em estações

geograficamente dispersas que registram continuamente dados de movimento do solo, como precipitação, temperatura, umidade do solo e velocidade do vento. Essas redes nos permitem monitorar as condições ambientais ao longo do tempo e identificar padrões e tendências na cobertura da terra.
- Dados históricos: Registros históricos como mapas antigos, fotografias aéreas e relatos de testemunhas oculares podem ser usados para reconstruir a evolução das mudanças na paisagem ao longo do tempo.
- Indicadores geológicos: A análise de indicadores geológicos, como sedimentos, estratigrafia e testemunhos perfurados, fornece informações sobre a deposição e erosão de materiais ao longo do tempo geológico. É importante enfatizar que métodos e abordagens podem variar dependendo do tamanho do estudo, características locais e disponibilidade de dados.

Portanto, a combinação de critérios, instrumentos e técnicas apropriadas é essencial para obter resultados confiáveis e representativos da movimentação de terras do Antropoceno (Waters et al, 2016).

Essas abordagens e ferramentas são complementares e semelhantes em muitos processos, mas são essenciais para uma compreensão mais abrangente da movimentação de terras do Antropoceno, levando em consideração as escalas regionais e globais.

A integração de várias técnicas e dados é a base para uma análise precisa e abrangente, permitindo a identificação de padrões, tendências e áreas prioritárias para intervenções adequadas e diretrizes de gestão (Ellis, 2011).

Avanços contínuos em técnicas e métodos para medir à movimentação de terras do Antropoceno permitirão avanços contínuos em nossa compreensão do impacto da atividade humana na superfície da Terra. Esses esforços são essenciais para a tomada de decisões e implementação de estratégias sustentáveis de proteção e gestão responsável dos recursos naturais.

Outras medições incluem o uso da água, poluição do ar e da água, degradação do solo e a perda de biodiversidade.

Cada um desses aspectos pode ser avaliado quantitativamente para entender a extensão do impacto humano no meio ambiente.

Em resumo, as medições quantitativas desempenham um papel importante na compreensão e avaliação dos efeitos da geoengenharia antropogênica do Antropoceno.

Eles fornecem dados objetivos e comparáveis que ajudam a documentar e monitorar mudanças ambientais e desenvolver estratégias para mitigar impactos adversos.

Desta forma, as comparações dos movimentos geológicos do Antropoceno com os impactos de asteróides não implicam em equivalência direta, pois o Antropoceno é um fenômeno contínuo e os efeitos são generalizados por longos períodos de tempo. A influência humana nos movimentos geológicos é o resultado de uma atividade contínua durante centenas de milhares de anos, impactando gradualmente a superfície da Terra. A agitação geológica resultante do Antropoceno reflete nossas próprias ações e nos desafia a assumir a responsabilidade por suas consequências. O futuro do nosso planeta está em nossas mãos. Temos a oportunidade de decidir lidar com o Antropoceno de forma consciente e responsável.

Podemos agir para proteger e restaurar ecossistemas, promover a sustentabilidade nas práticas industriais e adotar um estilo de vida mais consciente em relação ao consumo e geração de resíduos.

Assim como a natureza se recuperou após o impacto de um asteróide, podemos trabalhar para restaurar e regenerar os ecossistemas afetados pelo Antropoceno. A restauração de áreas degradadas, a arborização e a proteção de habitats naturais são estratégias para reduzir os danos causados e possibilitar a recuperação da fauna e flora.

Além disso, a conscientização e a educação desempenham um papel fundamental na navegação pelo Antropoceno. É necessário disseminar o conhecimento sobre o impacto das atividades humanas no meio ambiente e estimular ações individuais e coletivas em direção à sustentabilidade.

Somente quando entendermos a interconexão de todas as formas de vida e a importância de proteger o meio ambiente poderemos construir um futuro mais equilibrado.

Uma nova época geológica?

O termo Antropoceno refere-se a uma proposta para uma nova época geológica que destaca as impactantes e exacerbadas influências das atividades humanas nos processos ecológicos e geológicos da Terra.

Este conceito parte do pressuposto que os humanos se tornaram a força dominante, moldando a dinâmica dos sistemas naturais da Terra. Várias épocas geológicas foram definidas ao longo da história da Terra, com base em mudanças significativas nos ecossistemas, clima e sistemas naturais da Terra, conforme evidenciado pelo registro fóssil e estratos rochosos.

No entanto, o Antropoceno tornou-se tão extenso e intenso que os efeitos da atividade humana mereceram reconhecimento como força geológica, de modo que a época atual, chamada de Holoceno, não é mais suficiente para explicar o estado atual da Terra.

Como vimos, a influência dominante dos humanos no Antropoceno se manifesta de várias maneiras. Por exemplo, a queima de combustíveis fósseis e as atividades industriais liberam grandes quantidades de dióxido de carbono na atmosfera, contribuindo para o aumento do efeito estufa e do aquecimento global. Isso leva a mudanças climáticas significativas, incluindo temperaturas médias mais altas, mudanças nos padrões de precipitação, aumento do nível do mar e eventos climáticos extremos mais frequentes e intensos (Prothero & Ludtke, 2020).

Além disso, as atividades humanas estão acelerando a perda de biodiversidade por meio da destruição e fragmentação de habitats naturais, superexploração de recursos naturais, introdução de espécies exóticas invasoras e poluição. Essas ações humanas têm um impacto direto nas cadeias alimentares, na estabilidade do ecossistema e na adaptabilidade e viabilidade dos organismos.

Os seres humanos também impactam o planeta com processos geológicos como erosão do solo, desvio de cursos de rios, mineração em grande escala e construção de megaestruturas como barragens e infraestruturas urbanas que envolvem grandes mudanças geológicas.

Essas atividades alteraram paisagens, modificam a dinâmica de sedimentos e fluxos químicos, e também afetaram a disponibilidade de água e a qualidade dos ecossistemas aquáticos.

Portanto, o principal impacto do homem no Antropoceno é o próprio ser humano, através da emissão de gases de efeito estufa, exploração descontrolada dos recursos naturais, degradação ambiental, alteração da paisagem, etc. Potencializado pelas habilidades tecnológicas desenvolvidas.

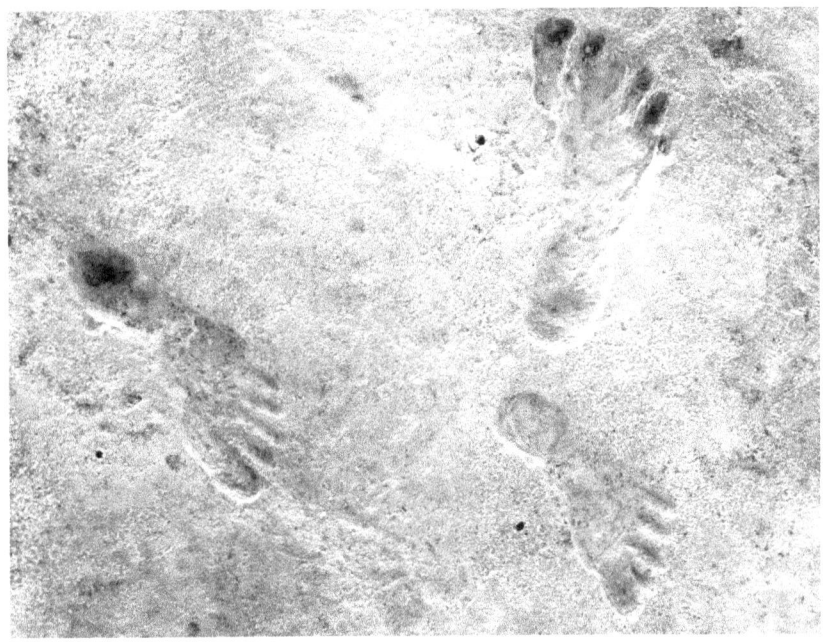

Esse impacto destaca a necessidade de uma abordagem mais responsável e sustentável da atividade humana para proteger os ecossistemas e garantir a sustentabilidade do planeta para as gerações futuras. A ciência que estuda a idade geológica da Terra é principalmente a Geologia, que lida com a estrutura, evolução e composição dos aspectos naturais da esfera terrestre. Suas áreas de interesse são petrologia, mineralogia, sedimentologia, estratigrafia, hidrogeologia, astrologia, vulcanologia e sismologia.

No entanto, nossa compreensão da evolução e transformação planetária está sujeita a pesquisas interdisciplinares, incluindo paleontologia e arqueologia, biologia evolutiva e ecologia, planetologia e astronomia, geoquímica e geofísica, climatologia, geografia e história, por meio de várias ciências integradas.

No entanto, ao delinear o tempo geológico, é importante observar que os limites exatos do tempo podem variar de acordo com definições e padrões de diferentes ciências, organizações e pesquisadores.

A classificação mais conhecida é o sistema de classificação Cronoestratigráfica, que divide a idade geológica nos seguintes períodos:

- Pré-cambriano (4.600 Ma - 541 Ma);
- Paleozóico (541 Ma – 252 Ma);
- Mesozóico (252 Ma – 66 Ma); e
- Cenozóico (66 Ma - presente).

O planeta Terra possui cerca de 4,5 bilhões de anos. Durante esse período o planeta passou por contínuas e variadas transformações em sua composição, suas estruturas, e diferentes formas de vida.

A fim de organizar e compreender melhor compreender esse processo de formação e transformação do Planeta Terra, estas transformações formam uma classificação, composta por divisões e subdivisões, chamadas Eras geológicas. As quais apresentamos no quadro, a seguir:

Eon	Era	Período	Época	Início (milhões de anos)	Acontecimentos
Fanerozoico	Cenozoica	Quaternário	Holoceno	0,01	- Formação das civilizações e constituição do tempo histórico;
			Pleistoceno	1,6	- Surgimento do homem;
		Terciário	Plioceno	5,2	- Primeiros hominídeos;
			Mioceno	23	- Avanços na formação dos atuais continentes;
			Oligoceno	36	- Surgimento dos campos e pradarias;
			Eoceno	57	- Primeiros roedores e baleias;
			Paleoceno	65	- Domínio dos mamíferos na Terra.
	Mesozoica	Cretáceo		135	- Extinção dos dinossauros e outras formas de vida primitivas; - Surgimento dos mamíferos e das aves;
		Jurássico		205	- Início da fragmentação do Pangeia;
		Triássico		250	- Primeiros Dinossauros.
	Paleozoica	Permiano		290	- União entre Gondwana e Laurásia na formação do continente Pangeia;
		Carbonífero		355	- Surgimento e difusão dos répteis;
		Devoniano		410	- Formação das primeiras florestas; - Origem das Bacias Sedimentares;
		Siluriano		438	- Primeiros animais terrestres;
		Ordoviciano		510	- Glaciações e surgimento dos peixes;
		Cambriano		570	- Primeiros animais invertebrados e algas marinhas.
Pré-Cambriano	Proterozoica			2.500	- Primeiras formas de vida;
	Arqueozoica			4.500	- Formação da Terra; - Origem das rochas e primeiras formas de relevo.

Os principais sistemas de classificação geológica e sua nomenclatura são os seguintes:

- **Sistema de classificação cronoestratigráfica:**

Eon: A maior parte da época geológica, abrangendo o Arqueano e o Proterozóico.

Era: Estas são divisões de idade geológica baseadas em grandes mudanças na vida. Exemplos incluem o Pré-Cambriano, Paleozóico, Mesozóico e Cenozóico.

Períodos: São subdivisões da época que representam intervalos de tempo menores. Exemplos incluem o Cambriano, Jurássico e Mioceno.

Épocas: São subdivisões do período e representam intervalos de tempo menores. Exemplos incluem o Oligoceno, Plioceno e Holoceno.

- **Sistema de classificação estratigráfica de rochas:**

Supergrupo: É a maior unidade litoestratigráfica e representa um conjunto de rochas sedimentares ou vulcânicas depositadas em uma bacia sedimentar.

Grupos: são divisões de supergrupos e representam uma herança estratigráfica mais específica.

Estratos: São subdivisões de grupos, geralmente representando unidades estratigráficas menores com diferentes feições geológicas.

- **Sistema de classificação bioestratigráfica:**

Biozonas: São unidades bioestratigráficas baseadas em fósseis de grupos ou espécies específicas de organismos. As biozonas ajudam a correlacionar rochas e determinar suas idades relativas.

Biostratigrafia de Fósseis Indexados: Este é um método de datação relativa que usa fósseis de uma ampla gama de organismos que viveram apenas por um curto período de tempo. Esses chamados fósseis de índice permitem correlações precisas entre diferentes sequências estratigráficas.

- **Sistema de classificação da Kraton:**

  Escudo: Uma região de crosta continental antiga e estável composta de núcleos de crátons.

  Bacia Sedimentar: Uma depressão geológica na qual os sedimentos se acumulam ao longo do tempo. As bacias sedimentares estão associadas a subsidência de sedimentos e processos de sedimentação.

Estes são alguns dos mais conhecidos e principais sistemas de classificação geológica, cada um com subdivisões e unidades específicas. Esses sistemas são importantes para entender e correlacionar rochas, determinar idades relativas e absolutas e interpretar a história geológica da Terra (IUGS, 2019).

A classificação geológica é uma atividade fundamental da Geologia que envolve identificar, descrever e organizar várias unidades e feições geológicas de acordo com critérios específicos.

Esta classificação permite compreender a história da Terra, a distribuição e eventos geológicos das rochas, bem como as suas propriedades e comportamento (Miall, 2018).

As ferramentas metodológicas utilizadas para a classificação geológica variam de acordo com o tipo de classificação e as propriedades específicas em estudo.

Algumas das ferramentas mais comuns são:

- Observação de campo: A observação direta de rochas e estruturas no campo é essencial para a classificação geológica. Os geólogos estudam petrologia (tipos de rocha), estratos, dobras, falhas e outras estruturas, texturas, composição mineral e outras características visíveis. Eles registram suas observações em diários de campo e coletam amostras representativas para análises laboratoriais.
- Análise de Laboratório: As amostras coletadas no local são testadas no laboratório usando uma variedade de técnicas analíticas. Isso inclui análise química para determinar a composição mineralógica e química das rochas, microscopia óptica para identificar e caracterizar os minerais presentes, análise isotópica para determinar a idade das rochas e determinar suas idades relativas. Inclui análise corporal e técnicas de imagem, como microscopia eletrônica de varredura para estudar estrutura e estrutura. textura fina.
- Datação Radiométrica: A datação radiométrica é uma ferramenta importante para determinar a

idade absoluta de rochas e eventos geológicos. Baseia-se na medição da proporção de radioisótopos e seus produtos de decaimento na amostra. Isso possibilita conhecer a idade de formação das rochas e eventos geológicos como cristalização mineral e ocorrência de falhas.

- Sistemas de Informações Geográficas (SIG): Os SIG são ferramentas computacionais que permitem coletar, armazenar, analisar e visualizar dados geológicos em formato digital. Eles são usados para criar mapas geológicos, modelar a distribuição das rochas, identificar estruturas geológicas e realizar análises espaciais. Os SIG são valiosos para integrar diferentes conjuntos de dados geológicos e facilitar a interpretação e comunicação dos resultados.

Além desses instrumentos, a classificação geológica também se beneficia do trabalho colaborativo entre especialistas, revisões e debates científicos, além do uso de literatura especializada e bancos de dados geológicos.

Em síntese, a classificação geológica é realizada por meio da observação de campo, análises laboratoriais, datação radiométrica, uso de sistemas de informações geográficas e colaboração entre especialistas.

Essas ferramentas metodológicas fornecem informações detalhadas sobre a natureza, natureza e história das rochas e eventos geológicos, permitindo uma compreensão mais profunda de sua história e evolução (Gradstein et al, 2020).

Uma série de mudanças geológicas moldou nosso planeta ao longo dos bilhões de anos de nossa existência. Essas mudanças ocorreram em diferentes épocas geológicas e marcaram diferentes momentos da história da Terra.

A seguir vamos embarcar numa viagem no tempo, explorando as principais características de algumas das épocas geológicas mais importantes, desde a formação da Terra até aos nossos dias (Stanley, 2016). Para entender melhor se a época atual em que vivemos é uma nova época geológica para a Terra, precisamos entender as características e fatores que determinaram outras épocas anteriores. Vejamos a seguir:

- Pré-cambriano (4.600 Ma – 541 Ma). É o período geológico mais antigo e mais longo, abrangendo cerca de 4 bilhões de anos. Nesse período ocorreu a formação da terra, o desenvolvimento dos microorganismos e a formação dos primeiros continentes. Apesar do escasso registro fóssil, estudos geológicos fornecem evidências de movimentos tectônicos e formação das primeiras rochas (Bennett & Chopra, 2019).

Uma grande mudança que marcou essa transição do Pré-Cambriano para o Paleozóico foi a expansão e diversificação da vida na Terra. Os fatores decisivos foram o aumento da concentração de oxigênio no ar e o desenvolvimento de organismos multicelulares.

Além disso, fenômenos geológicos como formação de supercontinentes e intensa atividade vulcânica também desempenharam um papel importante (Marshall, 2006).

A transição do Pré-Cambriano para o Paleozóico foi um período de profundas mudanças na história da Terra. Vários fatores desempenharam um papel importante nessa transição.

Um dos principais impulsionadores tem sido a ocorrência de fenômenos geológicos e climáticos, como a formação de grandes cadeias montanhosas, mudanças no nível do mar e glaciação.

Do final do Pré-cambriano ao início do Paleozóico, ocorreram colisões continentais, formando grandes cadeias montanhosas, como a orogenia Caledoniana na Europa e a orogenia Taconiana na América do Norte.

Esses movimentos tectônicos resultaram em intensa atividade vulcânica, metamorfismo regional e dobramento de rochas, alterando paisagens e criando novos habitats (Stanley, 2016).

Além disso, mudanças significativas no nível do mar ocorreram durante essa transição. Por vezes o nível do mar baixou, expondo grande parte da plataforma continental. Isso permitiu a formação de extensos sistemas de recifes de coral, como os recifes de coral do Ordoviciano, que desempenharam um papel importante na biodiversidade.

Os episódios glaciais também foram um fator chave na transição do Pré-cambriano para o Paleozóico. Por exemplo, ocorreu um resfriamento global significativo durante o Ordoviciano, resultando na formação de grandes camadas de gelo em Gondwana, um supercontinente que agora inclui partes da América do Sul, África, Antártica, Austrália e partes da Ásia.

Essas geleiras influenciaram o clima, o nível do mar e os padrões de circulação oceânica, influenciando a evolução da vida marinha (Harper, Hammarlund, & Rasmussen, 2019).

Outro fator que contribuiu para a transição do Pré-cambriano para o Paleozóico foi a evolução biológica.

Nesse período, surgiu uma grande variedade de organismos multicelulares e estruturas complexas como conchas e esqueletos se desenvolveram, resultando em um aumento explosivo da biodiversidade (Erwin, 2015).

A evolução da vida pré-cambriana tardia foi marcada por uma transição de organismos unicelulares para formas mais complexas, incluindo os primeiros animais multicelulares. Essa transição foi impulsionada por mudanças ambientais, como disponibilidade de oxigênio e nutrientes e interações ecológicas, e facilitou o desenvolvimento de novas estratégias de adaptação e sobrevivência.

- Paleozóico (541 Ma – 252 Ma). A Era Paleozóica também conhecida como a "Era dos Animais Antigos", ocorreu há cerca de 540 milhões de anos. Invertebrados marinhos, plantas terrestres e os primeiros vertebrados surgiram nesse período, resultando em uma explosão de biodiversidade. Além disso, grandes depósitos de carvão foram formados e extinção em massa ocorreu no final do período (Harper et al., 2019).

Importantes fenômenos de radiação adaptativa ocorreram durante o Paleozóico, durante o qual várias linhagens biológicas se diversificaram e ocuparam diferentes nichos ecológicos.

Exemplos notáveis incluem a explosão cambriana, que marcou o surgimento de uma ampla variedade de formas de vida complexas, e a radiação de peixes silurianos, que levou à evolução de uma ampla variedade de espécies marinhas e de água doce (Valentine, Jablonski e Erwin, 1999).

Além disso, a existência de ambientes propícios ao desenvolvimento de ecossistemas complexos foi crucial na transição do Pré-Cambriano para o Paleozóico. A disponibilidade de diversos habitats, como recifes de corais, florestas tropicais e pântanos, facilitou o desenvolvimento de comunidades complexas, tornando diferentes nichos ecológicos disponíveis para diferentes organismos.

A Era Paleozóica foi um período muito importante na história da Terra. Durante este período, ocorreram eventos geológicos e biológicos significativos que moldaram o mundo em que vivemos hoje (Stanley, 2016).

Uma das marcas do Paleozóico foi a explosão da biodiversidade. Muitos grupos de organismos evoluíram durante a Era Paleozóica, incluindo os primeiros peixes, invertebrados marinhos, plantas terrestres e insetos. Os organismos marinhos, em particular, foram expostos a intensa radiação adaptativa, resultando na abundância de organismos marinhos, como trilobitas, briozoários, corais e moluscos (Twitchett, 2006).

O assentamento de terras também foi um marco importante no Paleozóico.

As primeiras plantas terrestres evoluíram e começaram a colonizar os continentes, formando os primeiros ecossistemas terrestres. Essa transição para a vida terrestre também influenciou a evolução de outros grupos de organismos, como artrópodes e vertebrados, que se adaptaram às condições terrestres (Harper & Servais, 2016).

Além das mudanças biológicas, a era paleozóica também viu eventos geológicos significativos. Um desses eventos foi a formação de grandes cadeias de montanhas, como as montanhas da Caledônia e dos Apalaches, devido à colisão de placas tectônicas. Estas montanhas desempenharam um papel importante na formação do relevo da terra e influenciaram os padrões climáticos e de circulação atmosférica e oceânica.

Durante o Paleozóico, a formação de cadeias montanhosas e a colonização da terra por plantas terrestres primitivas mudaram os padrões climáticos, criando novos habitats e nichos ecológicos. Essas mudanças ambientais desafiam os organismos existentes a se adaptarem a diferentes condições e competirem por recursos limitados.

O resultado foi uma intensa competição interespecífica e coevolução, impulsionando a evolução de características e estratégias de sobrevivência mais eficientes (McGhee, 2013).

Também ocorreu uma extinção em massa na passagem do período Permiano ao Triássico que marcou o fim da Era Paleozóica foi um evento catastrófico que teve um impacto significativo na vida na Terra. As extinções em massa resultaram na perda de grande parte da biodiversidade existente na época, com efeitos duradouros nas comunidades e ecossistemas locais.

A recuperação da biodiversidade após esta catástrofe levou milhões de anos e lançou as bases para a próxima época geológica, o Mesozóico. No final da Era Paleozóica, ocorreu um evento cataclísmico conhecido como evento de extinção em massa do Permiano-Triássico, resultando na perda de aproximadamente 96% das espécies marinhas e 70% das espécies terrestres.

A causa exata dessa extinção em massa ainda está sob investigação, mas fatores como intensa atividade vulcânica, rápida mudança climática e a formação da Pangea podem ter contribuído para o evento (Erwin, 1993).

Esses desafios ecológicos e eventos de extinção na Era Paleozóica foram fundamentais para a evolução da vida na Terra e o surgimento dos ecossistemas que conhecemos hoje.

Eles moldaram as características das espécies sobreviventes, influenciaram as interações ecológicas e lançaram as bases para a evolução subsequente em épocas geológicas posteriores.

- Mesozóica (252 Ma - 66 Ma). A Era Mesozóica, também conhecida como a "Era dos Dinossauros", durou de aproximadamente 252 a 66 milhões de anos atrás. Durante este tempo, os dinossauros dominaram a terra e os primeiros mamíferos e pássaros apareceram. Além disso, os supercontinentes Pangea e Gondwana se separaram, dando origem ao atual continente.

O final da Era Mesozóica foi marcado por extinções em massa, incluindo a extinção dos dinossauros (Busatte, 2018).

Durante o Mesozóico, os continentes continuaram a se mover, resultando na formação de uma única massa de terra chamada Pangea.

No entanto, com o passar desse período, a Pangeia começou a se dividir e os continentes como os conhecemos hoje começaram a se formar.

Este processo de deriva continental teve impactos significativos nos padrões climáticos e de circulação oceânica, levando à formação de habitats e nichos ecológicos únicos.

O período Triássico, no início da Era Mesozóica, viu o surgimento dos primeiros dinossauros, répteis voadores e mamíferos primitivos, levando à diversificação das formas de vida.

O período Jurássico é caracterizado pela ampla distribuição de dinossauros, incluindo saurópodes gigantes e predadores terópodes. Os primeiros mamíferos verdadeiros também apareceram nessa época (Tanner & Lucas, 2018).

Uma das características mais marcantes da Era Mesozóica foi a proliferação e diversificação dos dinossauros. Esses animais dominavam os ecossistemas terrestres e tinham várias formas e tamanhos. Além disso, surgiram os primeiros mamíferos, ainda pequenos e noturnos (Sues, 2018).

Vários eventos de extinção também ocorreram durante esse período. A mais famosa delas é a extinção em massa que marca o fim do período Cretáceo.

Acredita-se que impactos maciços de asteróides sejam a principal causa dessa extinção em massa, resultando na perda de muitas formas de vida, incluindo dinossauros não aviários (Tanner & Lucas, 2018).

Durante a Era Mesozóica, a Terra passou por grandes mudanças geológicas, climáticas e biológicas. Um dos eventos mais notáveis foi a separação dos continentes, que levou à formação dos continentes que conhecemos hoje. Esse processo, conhecido como deriva continental, teve impactos significativos na composição dos ambientes terrestres e marinhos e na distribuição da vida.

Durante o Cretáceo Mesozóico, os dinossauros continuaram a dominar a paisagem terrestre, e a diversidade da flora e da fauna aumentou significativamente. No entanto, o Cretáceo também viu uma grande extinção em massa conhecida como extinção Cretáceo-Paleogena (K-Pg).

Este evento levou à extinção de dinossauros não-pássaros e muitas outras formas de vida, abrindo caminho para o surgimento de mamíferos e a evolução de novos grupos de animais (Brusatte, 2018).

A Era Mesozóica é muito importante para entender a história da vida na Terra. Fósseis encontrados durante este período fornecem evidências importantes da evolução e diversificação das espécies. Além disso, os estudos geológicos e paleoclimáticos do Mesozóico nos ajudam a entender as mudanças ambientais ao longo do tempo e seus efeitos na evolução das formas de vida.

Essa época geológica também foi um período de transição que preparou o terreno para a Era Cenozóica, a próxima época em que surgiram os humanos e os ecossistemas modernos. Além disso, a separação da Pangea e o subseqüente desenvolvimento dos continentes tiveram efeitos duradouros na distribuição geográfica da vida.

- Cenozóico (66 Ma - Presente). A Era Cenozóica é a atual época geológica que começou há cerca de 66 milhões de anos e continua até os dias atuais. Mamíferos modernos, incluindo primatas, apareceram durante esse período, e as plantas se diversificaram. Além disso, ocorreram eventos importantes como a formação dos Alpes, a glaciação das calotas polares, o surgimento e a evolução humana (Prothero & Ludtke, 2020).

A Era Cenozóica, também conhecida como a "Era dos Mamíferos", é a época geológica mais jovem da Terra. Começou há cerca de 66 milhões de anos e se estendeu até o presente, caracterizado por uma série de mudanças significativas na fauna e na flora da Terra (Rose, 2006).

A rápida diversificação dos mamíferos ocorreu após a extinção do início do Cenozóico, Cretáceo-Paleogeno (K-Pg). Com o desaparecimento dos dinossauros não aviários, os mamíferos tiveram a oportunidade de ocupar nichos ecológicos antes dominados por esses répteis gigantes.

Este período de adaptação e evolução levou ao surgimento de múltiplas ordens e famílias de mamíferos, incluindo primatas, que posteriormente evoluíram para primatas superiores, como macacos e humanos (Renne et al., 2013).

Mudanças climáticas significativas ocorreram ao longo do Cenozóico, afetando a distribuição e evolução das espécies. O clima do Paleogeno era geralmente quente e úmido, levando à diversificação das florestas tropicais e ao desenvolvimento de diversos habitats.

Durante o Neogeno, entretanto, o clima começou a esfriar e se tornar mais variável, surgindo ambientes mais abertos como savanas e campos, facilitando a adaptação de vários grupos de mamíferos a esses ambientes (Prothero & Ludtke, 2007).

Além das mudanças biológicas, a Era Cenozóica também viu a evolução e a disseminação dos humanos. Importantes desenvolvimentos culturais e tecnológicos humanos ocorreram durante o período quaternário, que começou há cerca de 2,6 milhões de anos, culminando no surgimento de sociedades complexas e mudanças ambientais por meio da agricultura e da urbanização.

A Era Cenozóica é crucial para entender a história da vida na Terra e as condições que moldaram os ecossistemas atuais. Examinar os registros fósseis e geológicos desse período permitirá aos cientistas reconstruir a evolução dos mamíferos e de biomas, e entender os processos que influenciaram a biodiversidade e a dinâmica dos ecossistemas ao longo do tempo.

Durante a Era Cenozóica, a Terra passou por grandes mudanças que moldaram o meio ambiente e as formas de vida como as conhecemos hoje. Um dos eventos mais notáveis deste período foi o resfriamento global gradual conhecido como 'resfriamento Cenozóico' que começou há cerca de 50 milhões de anos e culminou na formação de calotas polares nos pólos (Zachos, Dickens & Zeebe, 2008).

Esse resfriamento teve impactos significativos nos ecossistemas e na biodiversidade.

Muitas espécies de plantas e animais adaptadas a climas quentes foram substituídas por outras adaptadas a climas frios. As florestas tropicais foram substituídas por florestas temperadas e taiga, e surgiram mamíferos marinhos adaptados ao ambiente marinho mais frio.

Além disso, a Era Cenozóica também é caracterizada por extinções em massa que afetaram vários grupos de organismos. Um dos exemplos mais conhecidos é a extinção de grandes mamíferos terrestres no final do Pleistoceno, há cerca de 10.000 anos, e a perda de espécies famosas, como mamutes e tigres-dentes-de-sabre.

No entanto, o Cenozóico é também um período de diversificação e evolução para muitos grupos de organismos. Os mamíferos, em particular, passaram por um processo de radiação adaptativa, resultando em uma grande variedade de formas e tamanhos. Primatas, roedores, carnívoros e herbívoros se diversificaram e ocuparam diferentes nichos ecológicos (Benton, 2014).

Os seres humanos também se originaram na Era Cenozóica. Os primeiros hominídeos evoluíram no final do Mioceno, há cerca de 6 milhões de anos. Desde então, houve uma série de desenvolvimentos culturais e tecnológicos que levaram ao desenvolvimento dos humanos modernos (Prothero, 2018).

As subdivisões de Eras podem diferir entre os diferentes sistemas de classificação geológica e, à medida que novas evidências são descobertas e novos métodos de datação são desenvolvidos. Assim, a definição precisa dos limites das épocas está sujeita a debate e revisão contínua (Gradstein et al., 2012).

No entanto, a Era Cenozóica é geralmente dividida em três períodos principais: Paleogeno, Neogeno e Quaternário. Durante esse tempo, ocorreram eventos evolutivos significativos e mudanças ambientais que moldaram o mundo em que vivemos hoje.

O Paleogeno é o primeiro período da Era Cenozóica e dura desde o final do Cretáceo até cerca de 23 milhões de anos atrás. Eventos importantes como a extinção em massa dos dinossauros e a evolução e diversificação dos mamíferos ocorreram nesse período.

Os primeiros mamíferos a aparecer no Paleogeno eram relativamente pequenos e noturnos. No entanto, várias adaptações ecológicas ocorreram durante este período, levando ao surgimento de grandes mamíferos com diferentes estratégias de alimentação (Janis, Scott & Jacobs, 1998).

O Neogeno é o segundo estágio da Era Cenozóica e dura de cerca de 23 milhões de anos a 2,6 milhões de anos atrás. Mudanças climáticas e geológicas significativas ocorreram durante esse período, influenciando muito a evolução da vida.

Um dos eventos mais notáveis foi o surgimento dos hominídeos, os ancestrais da raça humana. Os primeiros hominídeos apareceram na África durante o Mioceno, há cerca de 6 milhões de anos. Esta época foi também marcada pela diversificação de outros grupos faunísticos como os mamíferos marinhos e as aves (Roberts & Stewart, 2018).

O estágio final da Era Cenozóica é o Quaternário, que começou há cerca de 2,6 milhões de anos e continua até hoje.

O Quaternário é caracterizado por uma série de mudanças climáticas dramáticas, com eras glaciais pontuadas por períodos interglaciais quentes. Durante as eras glaciais, as geleiras cobriram grande parte da Terra, alterando a paisagem e afetando a distribuição das espécies.

Animais grandes como mamutes e tigres-dentes-de-sabre eram característicos desse período, mas muitas dessas espécies foram extintas no final do Pleistoceno. Isto é provavelmente devido a uma combinação de mudança climática e atividade humana (Alroy, 1999).

É importante enfatizar que a pesquisa Cenozóica é complexa e está em constante evolução. Por meio da análise de fósseis, datação por radiocarbono e outras técnicas científicas, paleontólogos e geólogos continuam a avançar nossa compreensão desses tempos e desvendar os mistérios da vida e das mudanças ambientais ao longo da história da Terra.

A transição quaternária foi amplamente influenciada por mudanças climáticas significativas, incluindo ciclos glaciais e interglaciais. Acredita-se que essas mudanças climáticas tenham sido causadas por variações na órbita da Terra conhecidas como parâmetro de Milankovitch.

Essas flutuações afetaram a distribuição da energia solar recebida pela Terra, resultando em resfriamento e eras glaciais (Prothero & Dott Jr., 2017).

A época geológica do Quaternário também é dividida em duas épocas, o Pleistoceno e o Holoceno. Esta divisão foi estabelecida pela Comissão Internacional de Estratigrafia (ICS) em 2009 (Miall, 2016).

O Pleistoceno começou há cerca de 2,6 milhões de anos e durou até cerca de 11.700 anos atrás, marcando o fim da última Idade do Gelo. Uma série de eras glaciais e interglaciais ocorreram no Pleistoceno, com múltiplas eras glaciais ocorrendo em momentos diferentes.

Uma vasta área de gelo cobria grande parte do Hemisfério Norte, incluindo América do Norte, Europa e Ásia.

Essas Eras glaciais foram caracterizadas por climas frios e secos, enquanto as interglaciais foram caracterizadas por climas mais amenos e úmidos.

O Holoceno começou há cerca de 11.700 anos e continua até hoje. É caracterizada por um período de clima relativamente estável em comparação com o Pleistoceno. Durante esse período, as geleiras recuaram significativamente e o clima da Terra se moderou.

Durante o Holoceno, a vida humana evoluiu e prosperou devido ao desenvolvimento da agricultura, ao surgimento da civilização e às mudanças no meio ambiente causadas pelas atividades humanas. Mas também o meio ambiente já começou a experimentar os impactos desta evolução humana.

Antropoceno: fim do Holoceno

Durante o Holoceno, ocorreram grandes mudanças no clima e no meio ambiente que afetaram a evolução e a distribuição das espécies na Terra. Ao longo dos últimos séculos, no entanto, os cientistas observaram uma série de fatores antropogênicos – aqueles causados pela atividade humana – que desestabilizam ainda mais o equilíbrio ambiental do Holoceno.

A primeira questão a ser destacada é o aumento das emissões de gases de efeito estufa, como dióxido de carbono (CO2) e metano (CH4), provenientes da queima de combustíveis fósseis, desmatamento e práticas agrícolas intensivas.

Essas emissões contribuem significativamente para o aquecimento global, causando mudanças climáticas dramáticas, como aumento da temperatura média global, derretimento de geleiras e aumento do nível do mar.

Essas mudanças têm fortes impactos diretos na biodiversidade aquáticas e terrestres e nos ecossistemas, ameaçando a sobrevivência de muitas espécies (Dirzo et al, 2014; IPCC, 2014).

Além disso, as mudanças geológicas associadas à crescente urbanização e crescimento populacional estão causando a destruição de habitats naturais, a fragmentação de ecossistemas e a perda de biodiversidade. Avanços na agricultura intensiva, expansão urbana e desenvolvimento de infraestrutura resultaram na perda de habitats importantes para muitas espécies, criando desequilíbrios ecológicos.

A introdução de espécies exóticas em ecossistemas nativos também é um fator antropogênico importante, pois essas espécies competem com espécies nativas, impactando negativamente as cadeias alimentares e podem até levar à extinção de espécies endêmicas (PNUMA, 2020).

Os impactos antropogênicos também ocorrem na exploração insustentável dos recursos naturais, como a sobrepesca, a mineração descontrolada e o esgotamento dos recursos florestais. Essas atividades têm consequências graves, como o esgotamento dos estoques de peixes, a destruição de importantes ecossistemas florestais e a perda irreversível da biodiversidade.

A poluição também é um fator relevante, pois produtos químicos tóxicos são liberados na água, no solo e no ar, causando danos aos animais, plantas e à saúde humana (MEA, 2005).

Evidências sugerem que as forças estabilizadoras naturais no Holoceno estão em conflito direto com as forças antrópicas desenvolvidas pelo homem que desestabilizam os ecossistemas.

Segundo as pesquisas, as forças estabilizadoras principais são:

- Forçamento orbital: as variações na órbita da Terra, conhecidas como parâmetro de Milankovitch, desempenham um papel importante na determinação das mudanças climáticas de longo prazo. Durante o Holoceno, o forçamento orbital contribuiu para a estabilidade climática relativa, resultando em um clima global mais ameno e previsível do que durante as eras glaciais do Pleistoceno (Wunsch & Farrell, 2000).

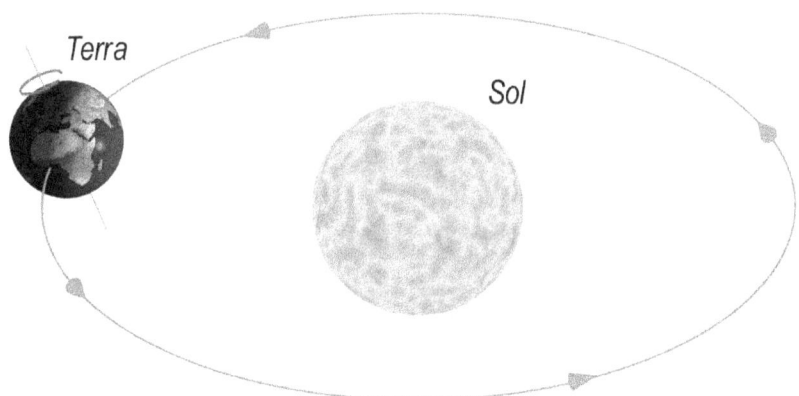

- Estabilidade dos principais sistemas climáticos: Durante o Holoceno, os principais sistemas climáticos, como a circulação oceânica e

atmosférica, desfrutaram de um grau de estabilidade relativa que contribuiu para a previsibilidade do clima em muitas partes do mundo, indicado (Kaufman et al, 2020).

- Baixa atividade vulcânica: O Holoceno viu uma diminuição significativa na atividade vulcânica em comparação com períodos anteriores. A atividade vulcânica pode ter um impacto significativo no clima da Terra, pois libera gases e aerossóis na atmosfera e pode causar mudanças climáticas temporárias (Cadoux et al., 2020).

Por outro lado, as forças humanas estão agindo como desestabilizadoras nas bases biogeoquímicas da Terra, comprometendo a estabilidade do clima relativo do Holoceno.

Dentre essas forças, destacam-se as mudanças nos níveis de gases de efeito estufa. As atividades humanas, como a queima de combustíveis fósseis e o desmatamento, aumentaram significativamente os níveis de dióxido de carbono (CO2) e outros gases de efeito estufa (GEE) na atmosfera. Isso leva ao aquecimento global e à interrupção do equilíbrio climático do Holoceno (Friedlingstein et al, 2019).

Os gases de efeito estufa, como dióxido de carbono (CO2), metano (CH4) e óxido nitroso (N2O), desempenham um papel importante no sistema climático da Terra, armazenando calor na atmosfera.

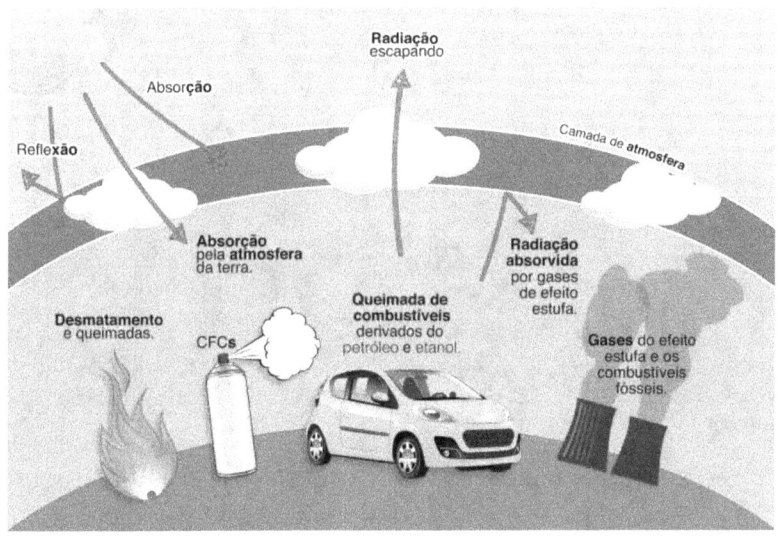

Ao longo do Antropoceno, as atividades humanas, principalmente a queima de combustíveis fósseis, o desmatamento e a agricultura intensiva, contribuíram para aumentos significativos nas emissões de gases de efeito estufa.

As concentrações atmosféricas de CO2, um dos principais gases de efeito estufa, aumentaram mais de 40% desde o início da era industrial.

O efeito estufa é o aumento exacerbado da temperatura da Terra pela retenção do calor devido certos gases atmosféricos. Trata-se de um efeito natural do planeta, mas que vem sendo potencializado além dos limites normais devido à poluição que intensifica este fenômeno e causa o aquecimento global irregular.

A principal causa desse aumento são as emissões de CO2 provenientes da queima de combustíveis fósseis, liberando grandes quantidades de carbono armazenado no subsolo na atmosfera. Além disso, o desmatamento e a degradação florestal reduzem a capacidade dos ecossistemas de absorver CO2, contribuindo ainda mais para o aumento dos níveis atmosféricos.

O metano, por outro lado, é um gás de efeito estufa mais potente, embora em menor quantidade na atmosfera.

Dentre as principais fontes de sua produção incluem-se a pecuária, o cultivo de arroz, o descarte inadequado de resíduos sólidos e as emissões de combustíveis fósseis.

O óxido nitroso, resultante da agricultura intensiva e do uso de fertilizantes, também merece destaque porque tem um potencial de aquecimento global muito maior do que o CO_2 (Canadel et al, 2007).

Essas mudanças nos níveis de gases de efeito estufa estão tendo um grande impacto no clima global. O aumento das concentrações de gases de efeito estufa na atmosfera provocou o aquecimento global, causando mudanças climáticas, como aumento da temperatura média global, eventos climáticos extremos, derretimento de geleiras e aumento do nível do mar (UNFCCC, 2015).

Para enfrentar esse desafio, é importante tomar medidas para reduzir as emissões de gases de efeito estufa e estabilizar os níveis atmosféricos.

Isso requer uma transição para fontes de energia limpas e renováveis, adoção de práticas agrícolas sustentáveis, reflorestamento e proteção de ecossistemas naturais e implementação de políticas e acordos internacionais para mitigar as mudanças climáticas.

As mudanças nos níveis de gases de efeito estufa durante o Antropoceno refletem a influência humana dominante no sistema climático da Terra. Essas mudanças terão impactos significativos no clima e exigirão ações urgentes para reduzir as emissões e mitigar os impactos das mudanças climáticas.

Outro fator é a perda de gelo e neve do planeta. A perda de geleiras, gelo marinho e cobertura de neve nas regiões polares e montanhosas é um efeito direto do aquecimento global. Essa perda de cobertura de gelo e neve afeta o equilíbrio climático, afetando a reflexão da radiação solar e o ciclo da água (Notz & Stroeve, 2018).

Os cálculos de perda de gelo e neve são baseados em observações e medições de várias fontes de dados. Diferentes regiões do mundo têm diferentes abordagens e métodos para estimar a perda de gelo e neve. Aqui estão alguns dos métodos mais comuns:

- Sensoriamento Remoto: O sensoriamento remoto é uma tecnologia que monitora mudanças na cobertura de gelo e neve usando imagens capturadas por satélites e aeronaves. Essas imagens são processadas e analisadas para determinar a extensão e a espessura do gelo e da neve em diferentes momentos. Isso permite calcular a perda de gelo e neve em uma determinada área.

- Modelagem numérica: A modelagem numérica é usada para simular e prever o comportamento do gelo e da neve com base em dados observacionais e fórmulas matemáticas que descrevem os processos físicos envolvidos. Modelos climáticos e glaciológicos são usados para estimar a perda de gelo e neve com base em fatores como temperatura, precipitação, derretimento e movimento do gelo (Notz & Stroeve, 2018).
- Estações de campo e amostragem direta: Em algumas áreas, medições diretas são feitas em estações de campo onde amostras de gelo e neve são coletadas e analisadas. Essas medições

fornecem informações detalhadas sobre a espessura, densidade e outras propriedades físicas do gelo e da neve, permitindo estimativas mais precisas da perda ao longo do tempo.

Um exemplo concreto de medidas recentes de perda de gelo e neve pode ser encontrado no estudo do Relatório Especial do Painel Intergovernamental sobre Mudanças Climáticas (IPCC) de 2019 sobre o oceano e a criosfera em um clima em mudança (IPCC, 2019).

Neste relatório, os cientistas analisaram dados de diferentes regiões do mundo para fornecer estimativas de perda de gelo e neve em diferentes regiões. Alguns exemplos notáveis são:

- Região Ártica: Um relatório do IPCC mostrou que a extensão do gelo marinho do Ártico diminuiu significativamente nas últimas décadas. Observações de satélite revelaram que a área coberta pelo gelo marinho no verão diminuiu significativamente. Entre 1979 e 2018, a extensão mínima média do gelo no final do verão diminuiu cerca de 12,8% por década (IPCC, 2021).

- Geleiras: Medições de campo e de sensoriamento remoto indicam que muitas geleiras ao redor do mundo estão encolhendo rapidamente. Por exemplo, as geleiras nos Alpes europeus perderam cerca de metade de sua massa desde o início do século XX. A Groenlândia e a Antártida também estão experimentando perda significativa de massa de suas camadas de gelo, contribuindo para o aumento do nível do mar.

- Cobertura de neve: A duração e quantidade da cobertura de neve sazonal diminuiu em algumas regiões. Por exemplo, estudos mostram que a duração média da temporada de neve está diminuindo em muitas partes do Hemisfério Norte. Além disso, a quantidade de água armazenada como neve no inverno e liberada na primavera está diminuindo, afetando o abastecimento de água em áreas que dependem do degelo.

A área média mínima do gelo marinho do Ártico no final do verão diminuiu de cerca de 7,67 milhões de km² em 1979 para cerca de 4,24 milhões de km² em 2018, uma diminuição de cerca de 45% (IPCC, 2019).

As geleiras nos Alpes europeus perderam cerca de 50% de sua massa desde o início do século 20 (Zemp et al., 2019).

Na Groenlândia, estima-se que a camada de gelo perdeu uma média de cerca de 260 bilhões de toneladas de gelo por ano entre 2003 e 2016 (Shepherd et al., 2018).

Na Antártica, a taxa de perda de gelo aumentou de cerca de 49 bilhões de toneladas por ano em 1992 a 2002 para cerca de 139 bilhões de toneladas por ano em 2002 a 2017 (Equipe IMBIE, 2018).

Estudos mostraram que a duração média da temporada de neve diminuiu em até duas semanas nas últimas décadas em muitas partes do Hemisfério Norte (Barnett et al., 2005).

A quantidade de água armazenada como neve no inverno e liberada na primavera diminuiu em algumas bacias hidrográficas, afetando o abastecimento de água em regiões dependentes do degelo, como o sudoeste dos Estados Unidos (Mote et al., 2005).

O gelo marinho do Ártico e as geleiras em todo o mundo estão derretendo, liberando água doce no oceano. Essa água doce adicional pode afetar a salinidade da água do mar, alterando a densidade e a circulação das correntes oceânicas.

Esses números indicam a extensão das mudanças no gelo e na neve devido às mudanças climáticas induzidas pelo Antropoceno.

É importante ressaltar que essas são apenas algumas das muitas medições feitas em diferentes partes do mundo e que os dados podem variar dependendo da localização e dos métodos utilizados para coletar e analisar as informações.

Estes são apenas alguns exemplos de como as medições de perda de gelo e neve fornecem pistas concretas para a mudança do Antropoceno.

Essas medições são feitas usando uma variedade de técnicas, incluindo observações de satélite, estações de campo e modelagem numérica, que se combinam para fornecer uma imagem mais abrangente dos impactos das mudanças climáticas no gelo e na neve em diferentes regiões do mundo.

É importante enfatizar que o cálculo da perda de gelo e neve é uma tarefa complexa devido à variabilidade espacial e temporal desses processos e às limitações de dados e métodos observacionais. Os cientistas, portanto, combinam abordagens e dados para obter estimativas mais confiáveis e representativas da perda de gelo e neve em escalas globais e regionais.

É importante observar que essas estimativas estão continuamente sendo atualizadas e melhoradas à medida que novos dados se tornam disponíveis e as técnicas de observação e modelagem são refinadas.

Isso nos permitirá entender melhor os impactos do Antropoceno no gelo e na cobertura de neve e ajudar a desenvolver políticas e estratégias para mitigar e adaptar-se aos impactos das mudanças climáticas.

Outro indicador do Antropoceno são as mudanças na circulação oceânica. Mudanças na circulação oceânica, como um declínio na Circulação do Meridiano Atlântico (AMOC), podem ter impactos significativos no clima da Terra. Essas mudanças podem levar a mudanças nos padrões de temperatura e precipitação em diferentes regiões do mundo (Caesar et al, 2021).

Durante o Antropoceno, foram observadas mudanças na circulação oceânica devido às mudanças climáticas induzidas pelo homem. Essas mudanças podem ter impactos significativos no clima da Terra e nos ecossistemas marinhos.

Essas mudanças na circulação oceânica no Antropoceno incluem o aquecimento dos oceanos.

Os oceanos estão absorvendo grandes quantidades de calor devido ao aumento das emissões de gases de efeito estufa. Isso leva ao aquecimento do oceano superior, afetando a distribuição de calor e alterando os padrões de circulação das correntes oceânicas.

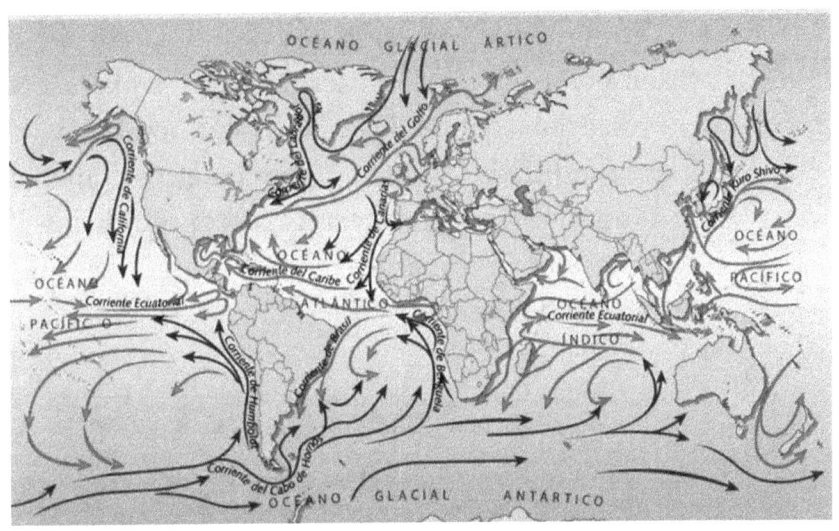

As medições do aquecimento dos oceanos no Antropoceno são feitas usando uma variedade de métodos e instrumentos científicos (Levitus et al, 2012).

A seguir, apresentamos algumas das principais técnicas usadas para monitorar e quantificar o aquecimento dos oceanos.

- Bóias de deriva: As bóias de deriva equipadas com sensores são usadas em várias áreas do mar para coletar dados de temperatura e salinidade. Essas bóias flutuantes podem medir as condições do oceano em tempo real, como a temperatura da superfície do mar.

- Satélites: Satélites com sensores de microondas e infravermelho são usados para medir a temperatura da superfície do mar em uma ampla área. Essas medições permitem o mapeamento da distribuição de temperatura espacial e a detecção de anomalias térmicas.
- Termômetros de embarcações: Os dados de temperatura são coletados de embarcações oceânicas equipadas com termômetros de profundidade. Esses termômetros medem temperaturas em várias profundidades e fornecem informações sobre o perfil térmico vertical do oceano.

- Flutuadores Argo: Argo Floats são dispositivos autônomos que flutuam no subsolo do oceano e

coletam dados de temperatura e salinidade em tempo real. Esses flutuadores podem atingir profundidades de até 2.000 metros, permitindo uma cobertura global e contínua das condições oceânicas (Roemmich et al., 2009).
- Sondas de temperatura: sondas de temperatura são dispositivos que podem ser jogados no oceano por embarcações de pesquisa. Com estas sondas é possível medir a temperatura em diferentes profundidades e criar perfis verticais de temperatura em locais específicos.

Essas medições são coletadas ao longo do tempo em diferentes regiões do oceano e nos permitem monitorar as mudanças na temperatura do oceano ao longo do Antropoceno. Os dados são analisados e comparados com séries históricas para identificar tendências e anomalias de aquecimento em diferentes escalas de tempo.

As mudanças nos padrões de vento e clima também são consideradas fortes condicionantes dos efeitos do Antropoceno no Holoceno. Essa mudança climática também pode afetar os padrões de vento e os sistemas climáticos, que por sua vez podem afetar a circulação oceânica.

Por exemplo, mudanças no vento podem alterar a força e a direção das correntes oceânicas, levando a mudanças nas correntes superficiais e profundas (Li & Lu, 2021).

As medições das mudanças nos padrões de vento e clima do Antropoceno são feitas com uma combinação de diferentes técnicas e instrumentos científicos.

O objetivo dessas medições é monitorar as variações nos ventos atmosféricos e nos sistemas climáticos para entender melhor as mudanças que estão ocorrendo (Young & Verhulst, 2021).

Abaixo está uma descrição detalhada das principais abordagens utilizadas.

- Anemômetros e Estações Meteorológicas: As estações meteorológicas em terra e no mar são equipadas com anemômetros para medir a velocidade e a direção do vento em vários locais. Esses dados são coletados continuamente em várias regiões por um longo período de tempo para fornecer informações sobre os padrões de vento.

- Radiossonda: Uma radiossonda é um dispositivo que é lançado na atmosfera usando um balão meteorológico. Esses dispositivos medem vários parâmetros atmosféricos, como temperatura, umidade e vento em diferentes altitudes. Essas medições são muito importantes para entender as variações verticais do vento e a estrutura atmosférica.

- Satélites meteorológicos: Satélites com instrumentos avançados, como radiômetros de microondas e sensores de imagem, são usados para monitorar padrões de vento e clima em escala global. Esses satélites fornecem imagens quase em tempo real da cobertura de nuvens, direção e velocidade do vento, temperatura da superfície do mar e outros parâmetros relevantes.
- Radar meteorológico: radares meteorológicos terrestres são usados para detectar e rastrear fenômenos atmosféricos, como tempestades, chuvas fortes e sistemas de alta pressão. Esses dispositivos de radar fornecem informações sobre a intensidade e o movimento do sistema climático e a distribuição espacial da precipitação.
- Modelagem Climática: Além de medições diretas, os cientistas também usam modelos climáticos computacionais para simular e prever mudanças nos padrões de vento e clima. Esses modelos levam em consideração múltiplas variáveis atmosféricas e oceânicas, admitindo as complexas interações entre vários elementos do sistema climático.

Juntas, essas medições e técnicas fornecem uma compreensão abrangente das mudanças nos padrões de vento e clima ao longo do Antropoceno. Ao longo do tempo, esses dados são analisados e comparados com séries históricas para identificar tendências, anomalias e padrões nas mudanças climáticas (Liang et al, 2020).

Outro sinal de que o Antropoceno está desestabilizando o Holoceno é a acidificação dos oceanos. Isso se deve ao aumento das emissões de dióxido de carbono na atmosfera e ao aumento da absorção de dióxido de carbono pelos oceanos, causando a acidificação dos oceanos. Essa acidificação afeta a química da água do mar e pode afetar a vida marinha, incluindo bivalves e organismos de coral (Kapsenberg et al, 2020).

Medições e impactos da acidificação oceânica são estudados usando uma combinação de técnicas de medição direta, amostragem de água e monitoramento contínuo dos parâmetros oceânicos.

A acidificação dos oceanos ocorre como resultado da absorção de dióxido de carbono atmosférico (CO2) pelas águas superficiais do oceano, resultando em uma diminuição do pH e aumento da acidez (Cai et al., 2011).

Abaixo, apresentamos as principais abordagens para medir e monitorar a acidificação dos oceanos.

- Amostragem de água: São retiradas amostras da água em várias regiões oceânicas e profundidades para medir o pH e a concentração de carbono dissolvido. As amostras são coletadas em frascos de amostra e analisadas em laboratório usando técnicas como espectrofotometria e eletroquímica para medir o pH e outras propriedades químicas relevantes.

- Bóias e sensores: Bóias e sensores independentes são implantados em vários locais do oceano para monitorar continuamente os parâmetros do oceano, como pH, temperatura, salinidade e níveis de carbono. Esses dispositivos são equipados com sensores que registram dados em intervalos regulares e transmitem essas informações aos pesquisadores em tempo real.

- Estações Fixas de Monitoramento: As estações fixas de monitoramento estão localizadas em algumas águas, onde sensores e instrumentos são instalados em plataformas fixas, como recifes artificiais ou estruturas subaquáticas. Essas estações fornecem dados de longo prazo sobre a acidificação dos oceanos em regiões específicas.
- Modelagem oceânica: além das medições diretas, os cientistas usam modelos oceânicos para simular e prever os efeitos da acidificação oceânica em escala global. Esses modelos consideram fatores como absorção de CO_2, circulação oceânica e processos biológicos para estimar a acidez futura e os impactos nos ecossistemas marinhos.

Como vimos, os efeitos da acidificação dos oceanos são estudados por meio de observações de campo, experimentos de laboratório e estudos de longo prazo dos ecossistemas marinhos.

Os efeitos da acidificação podem incluir crescimento reduzido de corais, moluscos e outros organismos com conchas e esqueletos calcários e mudanças nos ecossistemas marinhos, como perda da biodiversidade e das cadeias alimentares.

Essas mudanças na circulação oceânica podem ter impactos significativos, incluindo aumento da frequência e gravidade de eventos climáticos extremos, mudanças nos padrões de precipitação e seca, mudanças na distribuição de espécies marinhas e impactos nos ecossistemas costeiros.

Compreender essas mudanças e suas implicações é fundamental para mitigar e se adaptar às mudanças climáticas do Antropoceno (Rhein et al., 2013).

Outro fator que causa a desestabilização do Holoceno é o *feedback* climático positivo. Existem mecanismos específicos no sistema climático que podem amplificar as mudanças climáticas, os chamados *feedbacks* climáticos positivos. Por exemplo, quando o gelo do Ártico derrete, ele expõe mais água escura e absorve mais energia solar, levando a um maior aquecimento.

Esse tipo de feedback positivo pode amplificar os efeitos do aquecimento global e perturbar a estabilidade climática (Schleuss et al, 2020).

Feedbacks climáticos positivos são processos na atmosfera, oceanos, criosfera (áreas cobertas por gelo e neve) e ecossistemas terrestres que podem amplificar os efeitos das mudanças climáticas globais. Esses *feedbacks* positivos ocorrem quando mudanças iniciais no sistema climático desencadeiam outros processos que amplificam ainda mais essa mudança, criando ciclos de amplificação (Schuur et al, 2015).

Exemplos de feedback climático positivo incluem:

- Derretimento do gelo: mantos de gelo e geleiras estão derretendo à medida que as temperaturas globais aumentam. À medida que o gelo derrete, ele expõe as superfícies mais escuras dos oceanos e da terra, absorvendo mais radiação solar e aquecendo ainda mais o meio ambiente, acelerando assim o derretimento do gelo.
- Emissões de gases de efeito estufa: à medida que as temperaturas aumentam, gases de efeito estufa, como dióxido de carbono e metano, são liberados de fontes naturais, como o permafrost (a camada congelada do solo) e o oceano. Esses gases adicionais na atmosfera aumentam o efeito estufa e contribuem para um maior aquecimento global.
- Diminuição da cobertura de neve: À medida que as temperaturas aumentam, a cobertura de neve diminui, especialmente nas regiões do hemisfério norte. A neve tem um alto albedo (coeficiente de reflexão, refletividade difusa ou poder de reflexão de uma superfície. É a razão entre a radiação refletida pela superfície e a

radiação incidente sobre ela), então grande parte da radiação do sol é refletida de volta ao espaço. Com menos neve, mais radiação solar é absorvida pela superfície da terra, aumentando ainda mais as temperaturas na área.

A medição de *feedbacks* climáticos positivos é feita por meio de observações de longo prazo, análise de dados de satélite, modelos climáticos e estudos de campo. Essas medições incluem o monitoramento do derretimento do gelo, mudanças na cobertura de neve, concentrações de gases de efeito estufa, mudanças de temperatura e outros parâmetros relevantes.

Os cientistas estão usando essas informações para entender como esses *feedbacks* ocorrem e como eles podem afetar o sistema climático no futuro (Burke et al. al, 2020).

Compreender o *feedback* climático positivo é fundamental para avaliar os impactos potenciais das mudanças climáticas e promover ações de mitigação apropriadas.

Esses processos podem amplificar os impactos das mudanças climáticas, levando a impactos mais graves, como aumento do nível do mar, eventos climáticos extremos e destruição de ecossistemas terrestres e marinhos.

Entre os sinais de alteração antropogênica do Holoceno, destacam-se também as alterações na circulação atmosférica. Mudanças na circulação atmosférica podem afetar a distribuição de calor e umidade em diferentes regiões do globo.

Mudanças na força e nos padrões de anticiclones e ciclones, como o aumento da frequência de eventos climáticos extremos, podem perturbar a estabilidade climática regional e global (Hwang et al., 2011).

As mudanças na circulação atmosférica do Antropoceno referem-se a mudanças nos padrões de fluxo de ar na atmosfera da Terra devido a influências humanas (IPCC, 2021).

Essas mudanças podem ser monitoradas e estudadas usando várias técnicas e medições. Aqui estão algumas das principais abordagens:

- Observações de superfície: Estações meteorológicas em todo o mundo registram dados diários sobre pressão, temperatura, velocidade e direção do vento. Esses dados são usados para analisar mudanças nos padrões

climáticos e na circulação atmosférica ao longo do tempo.
- Balões meteorológicos: Os balões meteorológicos são equipados com instrumentos que medem variáveis atmosféricas como temperatura, pressão, umidade e vento. Esses balões são lançados regularmente de diferentes locais para criar perfis verticais da atmosfera e estudar as mudanças na circulação atmosférica em diferentes altitudes.
- Satélites meteorológicos: Os satélites em órbita fornecem imagens e dados atmosféricos contínuos em escala global. Eles são usados para monitorar propriedades de nuvens, movimentos de massa de ar e outros fenômenos atmosféricos, permitindo análises em larga escala das mudanças na circulação atmosférica.
- Modelagem numérica: os cientistas também usam modelos de computador avançados para simular a circulação atmosférica e estudar como ela pode ser afetada pelas mudanças climáticas e pela atividade humana. Esses modelos integram dados observacionais e princípios físicos para reproduzir o comportamento da atmosfera e fazer previsões futuras.

Estes são apenas alguns dos métodos comumente usados para medir e estudar as mudanças na circulação atmosférica durante o Antropoceno.

O uso de diferentes técnicas e a combinação de dados observacionais com modelos numéricos ajudam os cientistas a entender melhor os padrões de circulação atmosférica e suas mudanças ao longo do tempo, fornecendo um conhecimento valioso sobre o sistema climático global (Marotzke & Forster, 2015).

Muitos estudos também apontam para mudanças nos padrões de precipitação, como outro indicador da instabilidade do Holoceno.

Mudanças nos padrões de precipitação, como aumento de secas ou chuvas torrenciais, podem afetar toda a biota dos ecossistemas, além da disponibilidade hídrica e produtividade agrícola. Isso pode ter implicações para a segurança alimentar e resiliência das comunidades dependentes da agricultura (Allen & Ingram, 2002).

As mudanças nos padrões de precipitação durante o Antropoceno referem-se às mudanças observadas na quantidade e distribuição de precipitação em diferentes regiões do mundo devido a influências antrópicas no clima. Essas mudanças podem ter diferentes impactos nos ecossistemas, no abastecimento de água doce, na agricultura e na segurança alimentar.

As medições da variação nos padrões de precipitação são feitas usando observações meteorológicas em estações meteorológicas em todo o mundo.

Essas estações coletam dados sobre a precipitação em um determinado período de tempo em um determinado local. Além disso, os satélites meteorológicos também desempenham um papel importante na observação e monitoramento da precipitação globalmente (Chen & Sun, 2019).

Para analisar as mudanças na precipitação ao longo do tempo são utilizadas técnicas estatísticas e modelagem climática. Dados observacionais são comparados com registros históricos e tendências são identificadas. Essas análises ajudam a entender como os padrões de precipitação mudaram durante o Antropoceno e como isso pode estar relacionado às atividades humanas, como as emissões de gases de efeito estufa.

O impacto das mudanças nos padrões de precipitação pode variar de região para região. Em algumas áreas, as chuvas aumentam, o que pode levar a inundações e deslizamentos de terra. Em outros lugares, a precipitação pode diminuir, levando a seca prolongada e escassez de água.

Essas mudanças podem afetar a agricultura, a disponibilidade de recursos hídricos, os ecossistemas e os meios de subsistência das comunidades locais (Kidd, Kniveton & Layberry, 2012).

As mudanças do Antropoceno nos padrões de precipitação são, portanto, uma importante área de pesquisa para entender os efeitos das atividades humanas no clima e para desenvolver estratégias de adaptação e mitigação para lidar com os impactos dessas mudanças.

Os instrumentos usados para medir os padrões de precipitação incluem pluviômetros, radares meteorológicos e satélites (Mei et al, 2020).

Um pluviômetro é uma ferramenta simples e amplamente utilizada para medir a precipitação em uma determinada área. Consiste em um tanque de coleta que coleta a água da chuva e é graduado para medir a quantidade acumulada. Existem pluviômetros manuais que fazem medições manualmente e pluviômetros automáticos que registram dados continuamente.

Radar meteorológico também é um instrumento bastante usado, que usa ondas de rádio para detectar e medir gotas de chuva e outras partículas na atmosfera. Ele fornece informações sobre a intensidade da precipitação, distribuição espacial e direção do movimento. Esta informação pode ser usada para estimar a precipitação para uma determinada área.

Os satélites meteorológicos também desempenham um papel importante na observação dos padrões globais de precipitação. Eles usam sensores a bordo para medir a radiação eletromagnética refletida na superfície da Terra.

Todos esses dados coletados por diferentes instrumentos podem ser usados para inferir a presença e quantidade de precipitação para diferentes regiões. Métodos estatísticos e modelos climáticos são usados para calcular matematicamente os padrões de precipitação.

Os dados coletados dos equipamentos são processados e analisadosestatisticamente para identificar padrões de variação e tendências ao longo do tempo. Essas análises incluem cálculo de valores médios, desvios padrão, análise de séries temporais, etc.

Além disso, modelos climáticos computacionais são usados para simular e prever padrões de precipitação em diferentes cenários climáticos. Esses modelos combinam informações sobre a atmosfera, oceano, superfície terrestre e as interações entre esses componentes para simular o comportamento do sistema climático.

Assim, a combinação de medições instrumentais diretas, análises estatísticas e modelos climáticos permite obter informações mais detalhadas sobre os padrões de precipitação e suas mudanças ao longo do tempo.

Essas informações são fundamentais para entender as mudanças climáticas e seus impactos na disponibilidade de água, agricultura, ecossistemas e na sociedade em geral (Kidd, Kniveton & Layberry, 2012).

Esses fatores adicionais destacam a complexidade e variedade de processos no sistema climático que podem ameaçar a relativa estabilidade climática do Holoceno. A compreensão desses fatores é essencial para o desenvolvimento de estratégias de adaptação e mitigação voltadas para a sustentabilidade e resiliência frente às mudanças climáticas.

Estudos sugerem que a precipitação aumentou em algumas regiões e diminuiu em outras, indicando mudanças nos padrões de precipitação relacionados à atividade humana (Donat et al., 2016).

Há evidências de mudanças significativas nos padrões de precipitação desde meados do século XX, em grande parte devido ao aumento das concentrações de gases de efeito estufa na atmosfera. Alguns estudos usam análise estatística de dados observacionais e modelagem climática para inferir essas mudanças (Zhang et al., 2007).

Apesar do poderoso impacto das medidas antrópicas desestabilizadoras do Holoceno, fatores naturais, como emissões de gases de efeito estufa de fontes naturais, também devem ser considerados.

Além das emissões antrópicas, existem reservatórios naturais de gases de efeito estufa que podem entrar na atmosfera devido às mudanças nas condições climáticas.

Por exemplo, o permafrost contém grandes quantidades de carbono orgânico congelado, que pode ser liberado como dióxido de carbono e metano quando descongelado pelo aquecimento global (Titan et al, 2016).

As emissões de gases de efeito estufa de fontes naturais desempenham um papel importante no balanço global desses gases na atmosfera.

Exemplos de fontes naturais de gases de efeito estufa incluem vulcões, oceanos, solos, vegetação e microrganismos do solo. Essas fontes podem emitir dióxido de carbono (CO_2), metano (CH_4), óxido nitroso (N_2O) e outros gases que levam ao efeito estufa e afetam o clima global (Gerlach, 2011).

O impacto das emissões de gases de efeito estufa de fontes naturais está relacionado principalmente ao avanço do aquecimento global. Esses gases prendem o calor na atmosfera, causando mudanças climáticas, como aumento das temperaturas médias, derretimento do gelo e mudança dos padrões climáticos.

A medição das emissões de gases de efeito estufa de fontes naturais é feita usando uma variedade de abordagens, incluindo:

- Monitoramento de vulcões: quando os vulcões entram em erupção, eles liberam gás, cinzas e partículas na atmosfera. Os cientistas usam sensores remotos, como satélites e sensores de gás, para medir e monitorar a quantidade de gases de efeito estufa liberados durante esses eventos. Medições diretas de campo também estão sendo feitas para coletar amostras de gases vulcânicos.

- Monitoramento dos oceanos: O oceano é uma importante fonte de gases de efeito estufa, principalmente CO_2 e metano. Para determinar as concentrações desses gases, são feitas medições em amostras de água coletadas em várias regiões oceânicas. Também foram instalados sensores e bóias autônomas para monitorar as emissões de gases de efeito estufa em tempo real.
- Pesquisa do solo: O solo é uma importante fonte de gases de efeito estufa, principalmente CO_2 e N_2O, devido a processos biológicos como decomposição de matéria orgânica e atividade microbiana. As medições são feitas coletando amostras de solo e analisando-as em laboratório para determinar as concentrações de gás. Além disso, também foram realizados estudos de campo para quantificar as emissões de gases de efeito estufa em diferentes tipos de solo e condições ambientais.
- Estudos de vegetação: Dependendo das condições, a vegetação pode ser uma fonte ou um sumidouro de gases de efeito estufa. As medições são feitas usando técnicas como câmaras de fluxo que medem as trocas gasosas entre a vegetação e a atmosfera. Os satélites também são usados para mapear a distribuição da vegetação e estimar as emissões e sumidouros de gases de efeito estufa.

Essas medições são fundamentais para entender a contribuição das fontes naturais de gases de efeito estufa para o equilíbrio global e melhorar os modelos climáticos. Eles ajudam os cientistas a avaliar os impactos das mudanças climáticas e a desenvolver estratégias de mitigação e adaptação (Le Quéré et al, 2018).

É importante considerar que as atividades antrópicas aumentaram as emissões de gases de efeito estufa na atmosfera e contribuíram significativamente para a desestabilização do Holoceno, o que para a maioria dos cientistas certamente indica que estamos na época do Antropoceno.

Causas do Antropoceno

As atividades humanas foram identificadas por diversas técnicas e procedimentos como as principais causas das mudanças ambientais e climáticas que observamos hoje.

A seguir, resumimos as principais atividades que impulsionam tais mudanças, as quais são características de que realmente estamos vivendo no Antropoceno.

- Emissões de gases de efeito estufa: A queima de combustíveis fósseis, como carvão, petróleo e gás natural para geração de energia e transporte, é uma das principais fontes de emissões de dióxido de carbono (CO2) na atmosfera. Além disso, outras atividades industriais como a produção de cimento e a queima de biomassa também emitem gases de efeito estufa. Essas emissões contribuem para a amplificação do efeito estufa e do aquecimento global, desestabilizando o equilíbrio climático do Holoceno.

- Desmatamento e degradação florestal: O desmatamento, especialmente nas regiões tropicais, leva à liberação de grandes quantidades de carbono armazenado nas florestas. O desmatamento também reduz a capacidade de absorção de carbono das plantas, agravando o problema das emissões de CO_2. Além disso, a degradação florestal devido a práticas insustentáveis, como a extração inadequada de madeira, também contribui para os desequilíbrios ambientais.
- Agricultura intensiva: A expansão da agricultura intensiva levou ao desmatamento de terras naturais, à conversão de ecossistemas e ao uso intensivo de fertilizantes e pesticidas. Isso pode levar à perda de biodiversidade, esgotamento de recursos naturais, poluição da água e do solo e emissões de gases de efeito estufa, como óxido nitroso (N_2O) de fertilizantes.
- Pesca e caça predatória: A extinção de várias espécies de animais selvagens marinhos e terrestres causaria desequilíbrios ecológicos em muitos sistemas, desencadeando efeitos dominó e impactando a proteção e conservação de várias outras espécies. Implicando um desequilíbrio no meio ambiente.

- Urbanização e expansão: O crescimento populacional e a expansão urbana aumentam a demanda por recursos naturais, como água e energia. A urbanização descontrolada pode levar à destruição de habitats naturais, impermeabilização do solo, poluição e alterações nos padrões de drenagem, afetando os ciclos da água e o equilíbrio ambiental.

- Poluição do ar: As emissões de poluentes atmosféricos provenientes da combustão de combustíveis fósseis, processos industriais e de fabricação podem causar poluição do ar. Isso afeta a qualidade do ar, a saúde humana e os ecossistemas, e pode afetar os padrões climáticos e a estabilidade ambiental.
- Superexploração de recursos naturais: Trata-se da exploração insustentável de recursos naturais,

como água, minerais e combustíveis fósseis, têm um impacto significativo no equilíbrio ambiental do Holoceno. O esgotamento de recursos costuma ser rápido e os limites dos ecossistemas são ignorados, levando à degradação ambiental e à perda de biodiversidade.

- Superpopulação: Com uma população estimada em cerca de 8 bilhões de pessoas em 2023, a quantidade de energia, alimentos e materiais consumidos por esse grande número de pessoas tem um impacto significativo nas bases da vida na Terra

- Descarte inadequado de resíduos: O descarte inadequado de resíduos sólidos, como plásticos, metais, produtos químicos e lixo eletrônico, causa problemas ambientais, como contaminação do solo, contaminação de cursos d'água e danos ao ecossistema. A gestão inadequada de resíduos também contribui para as emissões de gases de efeito estufa, como o metano dos aterros sanitários.

- Poluição da água: Poluentes industriais, resíduos agrícolas, águas residuais não tratadas e emissões químicas tóxicas poluem corpos d'água e podem causar poluição hídrica. Isso afeta a disponibilidade de água doce, a biodiversidade aquática e os ecossistemas aquáticos e ameaça a estabilidade ambiental.
- Exploração descontrolada dos recursos marinhos: A sobrepesca e a destruição de habitats marinhos, como recifes de corais e manguezais, podem levar à perda da biodiversidade marinha e à degradação dos

ecossistemas marinhos. Isso afeta a estabilidade dos ecossistemas marinhos e serviços ecossistêmicos relacionados, como pesca e turismo costeiro.

- Invasão de espécies exóticas: A introdução de espécies exóticas em ecossistemas naturais pode ter efeitos adversos, como competição com espécies nativas, predação excessiva e alterações na circulação natural. Isso pode levar à perda de biodiversidade e à desestabilização do ecossistema.
- Fragmentação do Habitat: A fragmentação do habitat ocorre quando as atividades humanas, como construção de estradas, urbanização e agricultura, quebram áreas contíguas de habitat natural em pedaços menores. Isso pode levar à perda de conectividade entre habitats, isolamento de populações de espécies e perda de biodiversidade. A fragmentação do habitat também pode afetar processos ecológicos básicos, como dispersão de sementes e migração de animais, ameaçando a estabilidade do ecossistema.
- Poluição sonora: o ruído produzido pelo homem de atividades humanas, como tráfego, indústria e construção, pode afetar adversamente a vida selvagem. A poluição sonora pode afetar a comunicação entre os animais, afetar os padrões comportamentais, causar estresse e até levar à exclusão de certas espécies de habitats sensíveis ao ruído. Esses efeitos podem causar mudanças

na composição e dinâmica das comunidades, afetando a estabilidade do Holoceno (Barbosa, Bastos & Monteiro, 2019).

- Ciclagem alterada de nutrientes: as atividades humanas, como o uso intensivo de fertilizantes e a poluição de águas residuais na agricultura, podem alterar a ciclagem de nutrientes nos ecossistemas. O excesso de nutrientes, como nitrogênio e fósforo, pode causar a eutrofização dos corpos d'água, alterando as comunidades aquáticas e causando problemas como proliferação de algas tóxicas e zonas mortas com suprimento insuficiente de oxigênio. Essas mudanças podem afetar a estabilidade dos ecossistemas aquáticos, com efeitos em cascata ao longo do Holoceno.

- Distúrbios Genéticos: A introdução de espécies exóticas ou modificação de habitats naturais pode causar distúrbios genéticos em populações biológicas. Isso pode ocorrer por cruzamento entre espécies, perda de diversidade genética e seleção para diferentes características adaptativas. Essas perturbações genéticas podem causar mudanças na estrutura genética das populações, afetar sua capacidade de adaptação a mudanças ambientais futuras e afetar sua estabilidade a longo prazo durante o Holoceno (Sgro, Lowe & Hoffmann, 2011).
- Conversão de terras: A conversão de terras naturais em terras agrícolas, áreas de mineração e pastagens leva à perda de importantes ecossistemas, como pântanos, savanas e pastagens. Essas mudanças na cobertura da terra podem afetar a disponibilidade de água, a ciclagem de nutrientes e a estabilidade do ecossistema.
- Uso intensivo de pesticidas: A agricultura intensiva depende do uso extensivo de fertilizantes químicos e pesticidas para aumentar a produtividade. Esses produtos químicos podem contaminar o solo, as águas subterrâneas e os cursos de água próximos, afetando negativamente a qualidade da água e a saúde dos ecossistemas aquáticos. Além disso, o escoamento de agrotóxicos para rios e oceanos pode contribuir para a formação de zonas

mortas devido à eutrofização (Gibbons et al., 2015).

- Pecuária intensiva: Esta atividade de rebanho em grande escala é uma fonte significativa de emissões de gases de efeito estufa. Cultivar e criar animais, especialmente gado, emite metano (CH_4), um gás de efeito estufa muito potente. Além disso, o manuseio inadequado de dejetos de animais pode levar à liberação de óxido nitroso (N_2O), outro gás de efeito estufa que tem impacto significativo no clima.
- Escassez de água: A agricultura e a pecuária são grandes consumidores de água. O uso intensivo de irrigação em áreas agrícolas pode levar ao esgotamento dos aquíferos e escassez de água em áreas já vulneráveis. Isso afeta não apenas a

disponibilidade de água para atividades agrícolas, mas também o acesso das sociedades humanas à água potável e a sustentabilidade dos ecossistemas de água doce.
- Guerras: Com dezenas de conflitos regionais de pequena e média dimensão e guerras de grande escala, incluindo as guerras entre a Rússia e a Ucrânia, na Síria, no Iémen, na República Democrática do Congo e no Haiti, que continuam em curso até 2023, nas quais milhares de pessoas são mortas e feridas. Devemos considerar que os impactos sociais e ambientais que afetam todo o mundo também são severos. A maioria dessas guerras é motivada pelo acesso a recursos naturais (CICV, 2021).

Essas são apenas algumas das atividades humanas relacionadas ao Antropoceno.

Estas atividades estão interligadas e têm impactos complexos sobre o sistema climático, a biodiversidade e os ecossistemas.

Compreender esses impactos é fundamental para encontrar soluções sustentáveis e adotar medidas para restaurar o equilíbrio do Holoceno. Alguns desses fatores são menos visíveis, mas estão igualmente relacionados, demonstrando a complexidade das influências humanas no equilíbrio do Holoceno.

Para manter o equilíbrio ecológico e promover a sustentabilidade no Holoceno, é essencial implementar práticas sustentáveis, desenvolver políticas ambientais sólidas e reconhecer o impacto de nossas ações.

Críticas ao Antropoceno

Nem toda a comunidade científica acredita que estamos na época do Antropoceno. A idéia do Antropoceno está, portanto, sujeita a algumas críticas e debates na comunidade científica também. As quais são muito saudáveis para a reflexão, testagem e confirmação das pesquisas e análises testadas e confrontadas por diferentes perspectivas e fontes de dados.

Algumas das principais críticas estão listadas abaixo.

- Ambigüidade conceitual: Uma crítica comum é a ambigüidade conceitual do Antropoceno. A definição exata do início do Antropoceno e seus limites temporais ainda são controversos. Alguns argumentam que é difícil identificar um evento geológico ou um marco distinto que marque o início desta época, e há várias sugestões quanto ao momento exato.
- Causalidade e determinismo: Outra crítica é a ênfase na influência humana como a principal causa da mudança global. Alguns argumentam que o Antropoceno não leva em conta outros fatores e processos naturais que contribuem para a mudança geológica e ecológica. Atribuir a responsabilidade exclusiva ou preponderante pelas mudanças na Terra aos humanos pode simplificar demais a complexidade do sistema terrestre.

- Caráter normativo: Alguns críticos argumentam que o termo "Antropoceno" tem uma conotação normativa, sugerindo que os humanos são fundamentalmente responsáveis por todas as mudanças negativas na Terra. Mesmo quando isso parece implícito. Essa perspectiva pode ignorar o fato de que nem todas as pessoas têm igual responsabilidade ou influência sobre a mudança ambiental, perpetuando assim as desigualdades e desigualdades.
- Generalização global: Outra crítica é que o termo 'Antropoceno' é supergeneralizado e pode não explicar as diferenças regionais nas mudanças ambientais. As mudanças geológicas e ecológicas podem variar muito entre as regiões do mundo, sendo que algumas regiões provavelmente serão mais afetadas do que outras. Generalizações do Antropoceno como um fenômeno global podem, portanto, obscurecer essas diferenças.
- Exploração e instrumentalização política: Alguns críticos argumentam que os conceitos do Antropoceno podem ser usados politicamente para promover objetivos específicos, como impor políticas ambientais restritivas, amealhar recursos financeiros ou atribuir responsabilidade legal. Isso levanta preocupações sobre a objetividade e imparcialidade do uso do termo.
- Abordagem antropocêntrica: O termo "Antropoceno" destaca o impacto que os humanos têm no planeta, retratando os humanos como a espécie dominante e central. Isso pode

ser visto como uma abordagem antropocêntrica que desconsidera a natureza, colocando a natureza principalmente no contexto dos interesses humanos e significados práticos. O valor da biodiversidade e dos ecossistemas, independentemente de seus benefícios para os seres humanos.

- Vieses temporais e históricos: o pensamento do Antropoceno assume que os impactos humanos na Terra datam de milhares de anos, enquanto mudanças ambientais significativas ocorreram apenas recentemente. Isso pode levar a vieses temporais que impossibilitam a análise de impactos ambientais passados e a compreensão de mudanças de longo prazo na Terra.
- Desigualdades globais: as mudanças ambientais do Antropoceno não afetam todos os grupos e regiões igualmente. Existem desigualdades significativas em termos de quem mais contribui para a mudança ambiental e quem é mais afetado. Alguns argumentam que o conceito de Antropoceno deveria levar mais em conta as desigualdades globais e as diferenças nas responsabilidades dos países e grupos socioeconômicos.
- Visão determinista e fatalista: O Antropoceno tem sua visão determinista e fatalista, sugerindo que a mudança ambiental é inevitável e que os seres humanos estão destinados a causar danos irreparáveis à Terra. Essa perspectiva pode nos

impedir de encontrar ações e soluções para mitigar e adaptar-se aos problemas ambientais.

- Complexidade e multidimensionalidade: A mudança ambiental do Antropoceno é complexa e multifacetada, envolvendo interações complexas entre sistemas naturais e sociais. Alguns argumentam que a simplificação do conceito de Antropoceno falha em obscurecer muitas vezes inadequadamente essa complexidade, dificultando uma compreensão completa da dinâmica ambiental.

Como pudemos ver, embora a maioria dos cientistas concorda com a existência do Antropoceno como uma nova época geológica caracterizada por impactos humanos significativos na Terra, existem algumas opiniões críticas e discordâncias em relação a essa idéia.

No entanto, é importante notar que as visões críticas de negação do Antropoceno são uma minoria na comunidade científica. O dualismo entre o Antropoceno e as mudanças naturais que a Terra está experimentando é, realmente, um assunto complexo e relevante para a pesquisa científica e envolve, necessariamente, um debate acalorado.

Por um lado, reconhece-se que a Terra passou por mudanças geológicas e climáticas ao longo de milhões de anos, muito antes da existência dos humanos. Mudanças naturais como variabilidade climática, fenômenos geológicos e extinções em massa são processos normais na história da Terra.

O Antropoceno, por outro lado, revela que a atividade humana está tendo um impacto significativo e sem precedentes na Terra, acelerando e ampliando estas mudanças ambientais.

Em particular, a industrialização, a urbanização, o esgotamento dos recursos naturais e a queima de combustíveis fósseis estão causando aumento das emissões de gases de efeito estufa, perda acelerada da biodiversidade, degradação do ecossistema e outras mudanças ambientais.

Para entender a complexidade do sistema terrestre, é importante estudar tanto as mudanças naturais quanto as influências humanas. É necessário examinar evidências geológicas, paleoclimáticas, paleoecológicas e outros dados especializados relevantes para identificar impactos humanos específicos, e avaliar sua magnitude em relação às mudanças naturais.

Além disso, é importante enfatizar que o Antropoceno não nega a existência de mudanças naturais, mas que as atividades humanas se tornaram um fator importante na formação de processos geológicos e ecológicos, potencializando e acelerando os processos de desestabilização dos sistemas do Holoceno.

A dualidade entre o Antropoceno e a mudança natural leva, portanto, ao estudo da complexa interação entre o comportamento humano e os processos naturais e à busca de soluções sustentáveis para enfrentar os problemas ambientais atuais.

Tudo leva a crer que essas críticas, portanto, não invalidam totalmente o conceito de Antropoceno, mas apontam para a existência de questões em aberto e debates em andamento sobre sua concepção, aplicações e implicações. O debate em torno do Antropoceno continua a evoluir e se aprofundar à medida que mais pesquisas são realizadas e novas perspectivas são exploradas.

Breve história da humanidade

Desde o surgimento como espécie, os humanos tiveram fortes impactos no meio ambiente. Nesse sentido, as populações humanas mudaram a Terra em graus variados desde a pré-história, a antiguidade, a Idade Média, os tempos modernos e a contemporaneidade.

A pré-história é um período em que a interação humana com o meio ambiente foi mais limitada e menos intensa do que em períodos posteriores. No entanto, os humanos tiveram impacto no meio ambiente. Os primeiros humanos influenciaram a distribuição de espécies, a vegetação e as paisagens locais por meio da caça, pesca, coleta e práticas de queimadas "controladas".

Não foram mudanças profundas ou de grande escala, nem representaram as desestabilizações qualitativas e globais impostas hoje por novos e mais sofisticados processos tecnológicos, químicos e físicos de transformação da natureza. No entanto, produziram efeitos locais (Contreras & Finlay, 2011).

Durante o período em que os humanos eram nômades, pescando, coletando e caçando, os impactos ambientais foram mais localizados e menores em escala do que em períodos posteriores. No entanto, mesmo nessas sociedades, a atividade humana em determinadas áreas pode ter levado à degradação ambiental (Bellwood, 2004). Estes impactos incluem:

- Sobrecaça e sobrepesca: Grupos de caçadores-coletores dependiam da caça e da pesca para sua subsistência. Em algumas áreas, a pressão excessiva da caça e pesca pode ter reduzido as populações animais locais e, em alguns casos, levado à extinção de certas espécies. Da mesma forma, a pesca intensiva em certas áreas pode ter afetado negativamente os estoques de peixes e outros recursos hídricos.
- Queimada: Os nômades praticavam a queima 'controlada' para gerir a paisagem e promover o crescimento de plantas específicas e a diversidade de habitats. No entanto, se a queima não for devidamente controlada, podem ocorrer incêndios florestais, levando à perda de vegetação e alterações nos ecossistemas locais.
- Impactos na vegetação e na biodiversidade: A coleta de plantas e seus produtos, como frutas,

sementes e madeira, também pode afetar a vegetação local. A coleta intensiva de certas espécies de plantas pode ter reduzido sua disponibilidade e possivelmente levado à sua extinção na área. Além disso, mudanças na vegetação natural podem ter impactado a biodiversidade e os ecossistemas associados.

É importante ressaltar que embora esses efeitos tenham ocorrido no ambiente local, não havendo, portanto, um impacto significativo no meio ambiente global, ajudaram a criar a cultura inicial de degradação e consumismo, acumulação primitiva, crença na infinitude dos recursos e antropocentrismo, além de possíveis conseqüências indiretas na unidade ambiental dos ecossistemas.

Entretanto, estas ações afetaram, reconhecidamente, as espécies endêmicas. O tamanho e a intensidade desses impactos aumentaram significativamente com o desenvolvimento das sociedades agrícolas, o sedentarismo, a manufatura, a industrialização e o crescimento populacional.

Desta forma, mesmo em sociedades de caçadores-coletores, as interações homem-ambiente já demonstraram que podem mudar e afetar os ecossistemas locais (Wilkinson & Stevens, 2018).

Com o surgimento de civilizações agrícolas na antiga Mesopotâmia, Egito, China, Índia, etc., a influência humana na Terra aumentou significativamente. A agricultura permitiu a domesticação de plantas e animais, convertendo vastas áreas de floresta em terras agrícolas e pastagens. Isso resultou em mudanças na paisagem natural, perda de biodiversidade e mudanças nos ciclos biogeoquímicos.

Na antiguidade, as atividades humanas contribuíram para a degradação ambiental em várias partes do mundo. A agricultura, que começou a se desenvolver neste período, teve um grande impacto na paisagem e no ecossistema. O desmatamento em larga escala para uso da terra resultou na perda de habitat, erosão do solo e degradação da biodiversidade (Stevens et al., 2018).

Além do desmatamento, a expansão de antigas civilizações também levou à construção de cidades e ao aumento da demanda por recursos naturais.

A mineração de metais como ouro, prata e cobre era comum na época da antiguidade clássica e exigia extensas áreas a serem escavadas, resultando na destruição dos ecossistemas locais. A exploração intensiva de recursos minerais também levou à poluição e degradação dos recursos hídricos adjacentes.

Outro fator importante na degradação ambiental nos tempos antigos foi a irrigação para a agricultura. A irrigação permitiu o cultivo da terra e a produção de alimentos excedentes em regiões áridas, mas muitas vezes causou a salinização do solo e a degradação dos ecossistemas aquáticos. O consumo excessivo de água para irrigação também levou à redução dos recursos hídricos disponíveis, levando à escassez de água em algumas áreas.

Além disso, civilizações antigas produziram grandes quantidades de lixo e poluição. A fabricação de cerâmica, a metalurgia e o descarte inadequado de resíduos domésticos e industriais resultaram na poluição do solo, da água e do ar (Arnold, 2015).

Já durante a Idade Média, a atividade agrícola foi intensificada e as terras aráveis expandidas.

Devido ao crescimento populacional com a ampliação do consumo, a produção de alimentos aumentou e as florestas foram derrubadas para o cultivo.

Além disso, a expansão das cidades e o desenvolvimento de atividades industriais, como a produção de ferro e a mineração, trouxeram mais impactos ambientais, como a degradação do solo e a poluição dos recursos hídricos.

Na Idade Média, a atividade humana continuou e ampliou a degradação ambiental. Diferentes práticas e eventos em diferentes partes do mundo contribuíram para potencializar essa deterioração.

Uma das principais atividades que influenciaram o ambiente medieval foi à expansão da agricultura. Devido ao crescimento populacional e à necessidade de produção de alimentos, mais terras foram desmatadas para o cultivo. O desmatamento causa perda de habitat, erosão do solo e perda de biodiversidade. Além disso, a agricultura intensiva, muitas vezes praticada em terrenos íngremes e inadequados, causa degradação do solo e deficiências de nutrientes (Langdon, 2018).

A mineração também contribuiu para a destruição ambiental na Idade Média. A busca por minerais como carvão, ferro e metais preciosos causou danos significativos aos ecossistemas locais. A mineração envolve a remoção de grandes quantidades de solo, levando à destruição de habitats naturais e à contaminação da água e do solo.

A expansão das cidades foi outro fator que contribui para a degradação ambiental. As cidades medievais muitas vezes carecem de infraestrutura adequada para gerenciamento de resíduos e gerenciamento de águas residuais.

Isso levou à poluição do ar e da água, o que leva a problemas de saúde pública e degradação ambiental em áreas urbanas, inclusive pandemias como a Peste Negra de matou cerca de 200 milhões de pessoas no século XIV (Hatcher, 2008; White, 2019).

Além disso, a Idade Média foi marcada por eventos como as Cruzadas e as guerras, que tiveram um impacto significativo no meio ambiente. As operações militares, incluindo o cerco de cidades e o uso de armas de cerco, como queimadas, causaram destruição generalizada de paisagens e infraestrutura.

É importante ressaltar que na Idade Média, a compreensão do impacto ambiental causado pelas atividades humanas ainda era limitada e as preocupações ambientais não eram uma prioridade.

As práticas de consumo são impulsionadas principalmente pela necessidade de sobrevivência, expansão territorial e desenvolvimento econômico.

Só para as elites começaram a surgir esforços para melhorar a gestão ambiental e reduzir os impactos ambientais negativos. Fato que contribuiu para a segregação socioambiental, tornando o ambiente mais higiênico e saudável para as elites à custa da degradação ambiental, doenças e pobreza da maioria da população.

Ao longo de toda história, desde que surgiram como espécie dominante, os seres humanos tiveram uma influência significativa nas alterações ambientais do planeta. Com o advento do sistema econômico capitalista, na modernidade, a partir do século XVII, esse papel foi ampliado e potencializado devido ao aumento populacional, consumismo e novas técnicas de produção e transformação da natureza.

O capitalismo, caracterizado pela busca do lucro e pela acumulação de capital, é o motor do desenvolvimento industrial, da expansão econômica e da globalização, provocando mudanças ambientais em larga escala.

Por isso, um dos principais efeitos do capitalismo sobre o meio ambiente é o aumento da exploração dos recursos naturais. A busca por matérias-primas e combustíveis fósseis para apoiar o crescimento econômico levou à mineração em grande escala de minerais, petróleo, gás e carvão, levando à degradação de ecossistemas naturais, como florestas e áreas costeiras (Moore, 2015).

Além disso, o capitalismo promoveu a expansão da agricultura industrial e da pecuária em grande escala.

A demanda por alimentos, metais preciosos, fibras e biocombustíveis levou ao desmatamento maciço, à conversão de ecossistemas naturais em terras agrícolas e ao uso intenso de insumos, como fertilizantes e pesticidas. Isso levou à perda de biodiversidade, degradação da terra e poluição da água.

O capitalismo também encoraja a produção em massa e o consumo descontrolado, criando grandes quantidades de lixo e poluição. A produção de plásticos, produtos químicos industriais e emissões poluentes contribuem para a poluição do ar, da água e do solo, afetando negativamente a saúde humana e os ecossistemas.

A busca pelo crescimento econômico em um sistema capitalista muitas vezes coloca os interesses econômicos à frente das preocupações ambientais e sociais.

Isso levou a atividades insustentáveis, como superexploração de recursos naturais, pobreza em massa, destruição de habitats naturais e falta de investimento adequado em energia limpa e tecnologias sustentáveis (Bonneuil & Fressoz, 2017).

No entanto, é importante enfatizar que nem todas as consequências ambientais são exclusivas do capitalismo.

Outros sistemas econômicos também exerceram pressão sobre o meio ambiente ao longo da história, inclusive o ensaio socialista nos países do leste europeu e outras partes do mundo no século XX.

O desafio é considerar uma abordagem mais global, que enfatize a sustentabilidade e a responsabilidade social, e busque soluções que equilibrem o desenvolvimento econômico e a proteção ambiental.

Na era moderna, a revolução industrial marca uma importante virada na mudança do planeta devido à atividade humana. O advento da máquina a vapor e o uso generalizado de combustíveis fósseis para alimentar a produção industrial e o transporte resultaram em grandes quantidades de emissões de gases de efeito estufa, poluição do ar e da água. Também a exploração maciça de recursos naturais, como minerais, carvão e petróleo, levou à degradação ambiental e ao esgotamento desses recursos.

No início do período moderno, a industrialização e o comércio desempenharam um papel importante na degradação ambiental. Com o advento da Revolução Industrial no século XVIII, a produção em massa e o uso de máquinas movidas a carvão levaram a uma série de impactos ambientais negativos.

A primeira grande mudança é o aumento da exploração dos recursos naturais, especialmente carvão e minerais, para atender às crescentes necessidades industriais. A mineração em grande escala levou ao desmatamento, à destruição do habitat e à poluição da água e do solo devido ao uso de produtos químicos tóxicos.

Até hoje, muitas vezes, a industrialização ainda leva a um aumento da poluição do ar e da água. As fábricas emitem grandes quantidades de poluentes atmosféricos, como fumaça, gases tóxicos e material particulado, que contribuem para a poluição do ar e a formação de poluição atmosférica.

Muitas vezes as indústrias despejam resíduos diretamente em rios e corpos d'água, poluindo e destruindo os ecossistemas aquáticos.

Outro impacto significativo foi a degradação da paisagem devido à expansão das zonas industriais.

As fábricas são muitas vezes construídas em áreas anteriormente cobertas por florestas ou terras agrícolas, resultando na perda de habitats naturais e na fragmentação do meio ambiente.

Além dos efeitos diretos da industrialização, o mercantilismo do inicio do capitalismo também contribui para a degradação ambiental. O sistema mercantil enfatizava a exploração dos recursos naturais das colônias em benefício das potências coloniais. Essa atividade de mineração inclui desmatamento em larga escala, caça excessiva de animais e mineração de recursos minerais em áreas colonizadas.

Em resumo, no início do período moderno, a industrialização e o mercantilismo levaram a um aumento dos impactos ambientais.

A exploração descontrolada dos recursos naturais, a poluição causada pelas atividades industriais e as mudanças na paisagem são algumas das principais formas pelas quais os seres humanos degradaram o meio ambiente nesta época.

Esses processos vem causado mudanças significativas na relação entre sociedade e meio ambiente, com consequências de longo prazo para a saúde do planeta e das pessoas (Harvey, 2014).

No capitalismo avançado, a partir do século XIX, o desenvolvimento econômico, urbano e social trouxe uma série de novos impactos negativos e potencializou os antigos problemas do meio ambiente causados pelas atividades humanas.

O rápido crescimento populacional, a industrialização e a urbanização em grande escala, com a formação das megalópolis e a produção agrícola através de grandes áreas cultivadas com monoculturas, mudaram drasticamente a relação entre os seres humanos e o ambiente natural.

Com o avanço da industrialização, houve um aumento exponencial na extração de recursos naturais para atender a demanda por matérias-primas e energia. A extração maciça de minerais como carvão, ferro e petróleo levou à destruição de ecossistemas, desmatamento, erosão do solo e poluição da água.

Além disso, a queima de combustíveis fósseis para gerar energia e movimentar máquinas e veículos tem contribuído para a poluição do ar e emissão de gases de efeito estufa, levando a impactos significativos no clima global.

O desenvolvimento urbano também desempenha um papel importante na degradação ambiental. O crescimento das cidades tem levado a uma expansão urbana descontrolada, com a ocupação de espaços naturais e a destruição de habitats.

A urbanização significa um aumento na demanda por infraestrutura, como estradas, pontes e edifícios, o que requer a extração de materiais e a transformação do ambiente natural. Além disso, a falta de planejamento adequado resultou na poluição do ar, da água e do solo, bem como na geração de resíduos sólidos e líquidos em grandes quantidades (Acosta & Martínez-Alier, 2018).

No nível social, o desenvolvimento econômico muitas vezes leva à desigualdade socioeconômica e à exploração indiscriminada dos recursos naturais. Por exemplo, as práticas de intensificação agrícola levaram ao uso excessivo de fertilizantes químicos e pesticidas, poluindo o solo e as águas subterrâneas.

A expansão das atividades industriais e o crescimento das cidades também levam a condições de habitação e trabalho precárias e inseguras, ampliando os impactos negativos na saúde dos trabalhadores e das comunidades locais.

Em síntese, desde o século XIX, o desenvolvimento econômico, urbano e social gerou uma série de impactos negativos ao meio ambiente e a própria sociedade, sobretudo as camadas, países e regiões mais pobres.

A superexploração dos recursos naturais, a poluição do ar e da água, a destruição de habitats naturais e a degradação da terra são algumas das principais formas pelas quais os humanos degradaram o meio ambiente durante esse período de rápido desenvolvimento. Esses impactos moldaram dramaticamente a relação entre os seres humanos e o meio ambiente, com consequências ainda hoje sentidas (LeCain, 2017).

A partir do século XX, os seres humanos continuaram a degradar o meio ambiente por meio de uma variedade de atividades e processos, como o uso de vapor como fonte de energia, o desenvolvimento de indústrias, a mineração, a urbanização descontrolada, a poluição da água, o desmatamento, a extinção de espécies e o esgotamento dos recursos naturais.

A utilização do vapor como fonte de energia, principalmente durante a revolução industrial, contribuiu para o aumento da combustão do carvão e, consequentemente, para a liberação de grandes quantidades de dióxido de carbono (CO_2) na atmosfera. Isso resultou em um impacto significativo no clima global, com o aumento do efeito estufa e do aquecimento global.

O desenvolvimento de indústrias em muitas partes do mundo levou ao aumento da demanda por matérias-primas, energia e mão de obra. A extração maciça de recursos minerais, como minério de ferro, cobre e outros metais, causou danos significativos aos ecossistemas, incluindo a destruição de paisagens naturais, poluição do solo e da água e desmatamento.

A urbanização generalizada também contribui para a degradação ambiental. O rápido crescimento das cidades tem levado a uma expansão horizontal descontrolada, resultando na ocupação de espaços naturais como florestas e áreas úmidas. Isso levou à destruição de habitats naturais, perda de biodiversidade e fragmentação do ambiente natural (Wapner, 2017).

Durante o século XX, houve um intenso processo de urbanização em diversas partes do mundo, caracterizado pelo rápido e caótico crescimento das cidades. Esse fenômeno, conhecido como urbanização desordenada, é causado por fatores como crescimento populacional, desenvolvimento industrial, migração do campo para a cidade e falta de planejamento urbano adequado (Stone, 2019).

A urbanização desordenada tem levado à rápida expansão das áreas urbanas, muitas vezes sem infraestrutura adequada para suportar esse crescimento. Como resultado surgiu vários problemas e impactos negativos.

Alguns desses efeitos incluem:

- Favelização e pobreza: A urbanização desordenada muitas vezes leva à formação de favelas e assentamentos informais, onde é comum a precariedade das condições de vida e a falta de acesso a serviços básicos. Essas áreas são muitas vezes habitadas por pessoas de baixa renda que não têm acesso adequado a moradia, saneamento básico, água potável, educação e serviços de saúde (Davis, 2006).

- Congestionamento e Tráfego: O rápido crescimento urbano muitas vezes leva a um aumento no número de veículos nas ruas, levando a problemas de congestionamento de tráfego e poluição do ar. O transporte público inadequado e a falta de planejamento viário eficaz contribuem para esses problemas.
- Escassez de recursos: A urbanização indiscriminada pode levar à escassez de recursos, como água e energia, devido à demanda excessiva causada pelo crescimento da população urbana. Além disso, a aquisição

indiscriminada de terras pode levar à degradação ambiental, como perda de espaços verdes e destruição de habitats naturais (Hickel, 2020).

- Desigualdade social: O processo de urbanização indiscriminada muitas vezes aumenta a desigualdade social, criando uma disparidade significativa entre áreas urbanas desenvolvidas e áreas urbanas desfavorecidas. A falta de acesso a serviços básicos e oportunidades econômicas pode perpetuar ciclos de pobreza e exclusão social (O'Neill et al, 2018).

- Ocupação de áreas de risco. Esse desenvolvimento urbano desorganizado e sem planejamento leva a uma série de problemas socioambientais. O planejamento ineficiente leva à ocupação desordenada do espaço urbano, levando à ocupação de áreas inadequadas de risco de desastres, como encostas, margens de rios e áreas de preservação ambiental. Essas áreas são frequentemente propensas a deslizamentos de terra, inundações e outros desastres, aumentando os riscos para os moradores e causando danos ambientais.

- Falta de infraestrutura, Muito comum nas cidades pequenas, médias e de grande porte, a carência de infraestrutura como saneamento básico, coleta de lixo, drenagem de água de chuvas, tratamento de resíduos sólidos, transporte público eficiente e abastecimento de água potável, contribui para a degradação ambiental. A falta de saneamento básico adequado leva à poluição da água e à disseminação de doenças. A falta de sistemas eficientes de coleta e tratamento de resíduos sólidos leva ao acúmulo de resíduos e à poluição do solo e da água. Além disso, o uso crescente de veículos particulares devido ao transporte público ineficiente leva à poluição do ar e ao congestionamento do tráfego, afetando a qualidade de vida das pessoas e a saúde ambiental.

A favelização, caracterizada pela ocupação frequente e com infraestrutura precária das áreas urbanas por pessoas de baixa renda, revela-se como um grave problema da crise socioambiental.

As favelas geralmente ocorrem em áreas de risco, como encostas, pântanos ou margens de rios, onde as pessoas estão inadequadamente habitadas e mais vulneráveis a desastres naturais.

Além disso, a falta de infraestrutura básica nessas áreas leva à falta de serviços de água, saneamento, eletricidade e coleta de lixo, levando a impactos ambientais negativos (Davis, 2006).

A migração rural, ou seja, o deslocamento de pessoas do campo para a cidade em busca de melhores oportunidades de trabalho e melhores condições de vida, também contribui para a crise ambiental. As populações urbanas em rápido crescimento pressionam os recursos naturais, como água, energia e alimentos, aumentando a demanda por esses recursos e pressionando os ecossistemas.

Além disso, a crescente urbanização leva à transformação de áreas rurais em áreas urbanas, levando à perda de habitats naturais, redução da biodiversidade e fragmentação do meio ambiente.

Em síntese, o crescimento das cidades sem planejamento adequado, a falta de infraestrutura, as favelas e as grandes populações urbanas devido ao êxodo do campo, impactam significativamente a crise ambiental.

Esses problemas contribuem para a degradação ambiental, poluição, escassez de recursos naturais e tornam as populações urbanas vulneráveis a desastres naturais.

Para enfrentar os desafios da urbanização desordenada, é essencial implementar políticas de planejamento urbano eficazes que promovam o desenvolvimento sustentável, melhorem o acesso a serviços básicos e promovam o desenvolvimento sustentável, investindo em infraestrutura adequada e promovendo a participação da comunidade nas decisões urbanas. Essas medidas podem ajudar a criar cidades mais inclusivas, resilientes e sustentáveis (UN-Habitat, 2016).

A poluição da água é outro grande problema que surge com o desenvolvimento industrial. As atividades industriais e o descarte inadequado de resíduos perigosos resultaram na poluição de rios, lagos e oceanos. A poluição da água prejudica os ecossistemas aquáticos, afeta a saúde humana e reduz os recursos de água doce.

A poluição e a escassez de água foram fenômenos complexos que ocorreram no século XX e continuam sendo desafios significativos até hoje. Esses problemas são decorrentes de diversos fatores, como o crescimento populacional, a rápida urbanização, a industrialização, o uso irracional dos recursos hídricos e a poluição gerada pelas atividades humanas.

A poluição da água pode ocorrer de várias maneiras, incluindo a poluição por produtos químicos industriais, resíduos agrícolas, águas residuais domésticas e descarte inadequado de resíduos sólidos. Esta poluição tem um impacto negativo na qualidade da água, afetando a saúde humana, os ecossistemas aquáticos e os recursos de água doce.

Por outro lado, a escassez de água é resultado da superexploração dos recursos hídricos, desequilíbrio entre oferta e demanda, mudanças climáticas e degradação dos ecossistemas. A crescente demanda por água, tanto para uso doméstico quanto para atividades agrícolas e industriais, pressiona as reservas hídricas disponíveis.

As medições de poluição e escassez de água são feitas por meio do monitoramento da qualidade da água, análise de dados hidrológicos, estimativas de demanda e disponibilidade de água, além de indicadores socioeconômicos.

Esses dados são coletados por agências governamentais, organizações internacionais e institutos de pesquisa.

Para enfrentar esses desafios, são necessárias ações integradas e abrangentes, envolvendo gestão sustentável dos recursos hídricos, implementação de tecnologias de tratamento de água mais eficientes, promoção da conservação e reúso, uso responsável da água, bem como políticas públicas de conscientização e regulamentações do uso dos recursos hídricos.

A degradação das águas subterrâneas, ou aquíferos, é um fenômeno que ocorre como resultado de várias atividades humanas ao longo dos séculos XX e XXI.

Aquíferos são reservatórios subterrâneos de água que fornecem abastecimento de água, importantes para comunidades, agricultura e indústria (Foster & Chilton, 2003).

Uma das principais causas da degradação dos aquíferos é a superexploração, que ocorre quando a taxa de retirada de água dos aquíferos excede a taxa de reposição natural. Isso pode ser o resultado de um aumento na demanda de água devido ao crescimento populacional, intensificação agrícola e desenvolvimento industrial. A extração excessiva de água dos aquíferos pode levar ao rebaixamento do lençol freático, redução da disponibilidade de água e até esgotamento dos aquíferos (Wada et al, 2016).

Além da superexploração, outras atividades humanas também podem contribuir para a degradação dos aquíferos. Por exemplo, o uso inadequado de fertilizantes e pesticidas na agricultura pode levar à contaminação dos aquíferos com produtos químicos nocivos. O manuseio inadequado de resíduos industriais e domésticos também pode contaminar os aquíferos, afetando a qualidade da água.

Medir a degradação do aquífero envolve monitorar os níveis de água, analisar a qualidade da água e estimar as taxas de reabastecimento. Essas medições são feitas por meio de poços de monitoramento, análise química da água e modelagem hidrogeológica. Neste sentido, as agências governamentais e instituições de pesquisa desempenham um papel importante na coleta e interpretação desses dados (Liu et al, 2021).

A adoção de práticas sustentáveis de gestão da água é essencial para prevenir a degradação dos aquíferos.

Estas práticas incluem o uso racional da água, implementação de técnicas eficientes de irrigação na agricultura, controle rigoroso da poluição dos aquíferos e proteção de áreas recuperadas.

Políticas e regulamentações apropriadas também devem ser estabelecidas para garantir a gestão sustentável dos aquíferos e a preservação deste importante recurso para as gerações futuras.

Devemos também considerar que o desmatamento devido à expansão agrícola, pastoril e madeireira está tendo um efeito devastador sobre a cobertura florestal do planeta. As florestas são importantes para regular o clima, conservar a biodiversidade e manter os serviços ecossistêmicos.

O desmatamento levou à perda de habitat, aumento da erosão do solo, emissões de gases de efeito estufa e contribuiu para a mudança climática. O desmatamento tem sido um importante fenômeno do século XX que tem um impacto profundo nos ecossistemas florestais em todo o mundo.

O desmatamento refere-se à remoção permanente da cobertura florestal e pode ocorrer por vários motivos, como expansão agrícola, exploração madeireira, construção de infraestrutura e urbanização.

Uma das principais causas do desmatamento no século XX foi a expansão da agricultura, especialmente para o plantio em larga escala de alimentos e grãos. Grandes áreas de floresta foram convertidas em terras agrícolas, resultando na perda de habitat natural, fragmentação do ecossistema e biodiversidade. O desenvolvimento das fronteiras agrícolas é impulsionado pela crescente demanda por alimentos de uma população mundial sempre crescente (DeFries et al, 2010).

Além de expandir a agricultura, a exploração madeireira descontrolada também contribui para o desmatamento.

A demanda por madeira para construção de móveis e imóveis, produção de papel e outras necessidades industriais levou ao desmatamento em grande escala, muitas vezes de forma insustentável.

A falta de regulamentação adequada e práticas seletivas de extração resultaram em perdas maciças de florestas antigas e diversificadas.

A construção de infraestruturas, como estradas, barragens e mineração, também desempenha um papel importante no desmatamento. Para construir uma barragem através de uma estrada em uma área remota, muitas vezes era necessário limpar uma grande área de floresta.

Além disso, a exploração de minerais como petróleo, ferro, gás, carvão, dentre outros, muitas vezes destrói habitats florestais para a extração desses recursos.

O desmatamento é medido usando tecnologias de sensoriamento remoto, como imagens de satélite e análise de dados geoespaciais. Esta ferramenta permite monitorar as mudanças na cobertura florestal ao longo do tempo e identificar áreas de desmatamento.

Organizações governamentais e não governamentais, como agências ambientais e institutos de pesquisa, desempenham um papel importante na coleta e interpretação desses dados (Boucher et al, 2011).

As consequências do desmatamento no século XX e inicio do século XXI são graves. O desmatamento reduziu a biodiversidade ao destruir os habitats de espécies nativas, alterando o ciclo da água, aumentando a erosão do solo e as emissões de gases de efeito estufa.

O desmatamento também tem impactos sociais, pois afetam comunidades indígenas e tradicionais cujos meios de subsistência e culturas dependem dos recursos florestais (Hansen et al, 2009).

Várias estratégias de conservação florestal e manejo sustentável estão sendo implementadas para combater o desmatamento. Isso inclui a criação de áreas protegidas, o estabelecimento de políticas de uso da terra, a promoção da certificação florestal sustentável e a promoção de práticas agrícolas mais sustentáveis.

Várias ferramentas e técnicas são usadas para medir o desmatamento. Alguns dos destaques incluem:

- Imagens de satélite: As imagens de satélite fornecem uma visão ampla e detalhada das áreas florestais. Satélites espaciais, estacionários e orbitais, podem ser usados para detectar mudanças na cobertura vegetal ao longo do tempo. Além disso, a área cadastrada pode ser identificada por meio de técnicas de processamento de imagem, com classificação e análise de padrões.

- Sensoriamento remoto: O sensoriamento remoto usa diferentes tipos de sensores, como radares e lasers, para coletar dados sobre a vegetação. Esses sensores podem medir a altura das árvores, a densidade do dossel da floresta e outros recursos que ajudam a identificar os locais de extração de madeira.
- Sistema de Informação Geográfica (SIG): Um SIG é uma ferramenta que combina dados geográficos, como informações de satélite e mapa, com dados tabulares para análise espacial. Isso permite criar mapas temáticos e analisar padrões espaciais de desmatamento.
- Monitoramento de Campo: Equipes de campo visitam áreas suspeitas de desmatamento para coletar dados e verificar resultados de sensoriamento remoto. Essas visitas podem incluir medições diretas, amostragem de parcelas e coleta de informações sobre a cobertura da terra.
- Modelagem e Estatística: As taxas de desmatamento podem ser estimadas com base em dados de amostra usando modelos matemáticos e métodos estatísticos. Essa técnica permite que informações coletadas em uma área menor sejam extrapoladas para uma área maior.

É importante enfatizar que uma combinação de diferentes técnicas e ferramentas geralmente é usada para obter resultados mais precisos e abrangentes sobre o desmatamento.

Além disso, os avanços na tecnologia e o desenvolvimento de novos métodos de medição continuam a melhorar nossa capacidade de monitorar e avaliar o desmatamento em várias escalas.

A seguir, eis alguns exemplos de atividades específicas de desmatamento.

- Desmatamento na Amazônia brasileira: O Instituto Nacional de Pesquisas Espaciais (INPE) monitora regularmente a Amazônia brasileira por meio de imagens de satélite. Em agosto de 2019, foram publicados dados que mostram um aumento significativo do desmatamento na região. Dados mostram que entre agosto de 2018 e julho de 2019, foram desmatados aproximadamente 9.762 km² de floresta (INPE, 2020).
- Desmatamento na Bacia do Congo: Entre 2000 e 2018, estima-se que 337.427 km² de floresta foram perdidos na Bacia do Congo, uma das maiores áreas dos trópicos, segundo estudo publicado em 2020 pela Universidade de Maryland, EUA (Hansen et al, 2020).
- Desmatamento na Indonésia: A Indonésia é conhecida por uma alta taxa de desmatamento, principalmente devido à expansão da indústria

de óleo de palma. De acordo com dados do Ministério do Meio Ambiente e Florestas da Indonésia, aproximadamente 324.000 hectares de floresta foram desmatados na Indonésia em 2019.

- Desmatamento na Floresta Amazônica Peruana: O Serviço de Reservas Naturais do Peru (SERNANP) monitora o desmatamento na Floresta Amazônica Peruana. Em 2017, foram publicados dados que mostram o aumento do desmatamento na região, com perda florestal de aproximadamente 143.425 hectares (SERNANP, 2017).
- Desmatamento na região do Grande Chaco da América do Sul: Entre 1985 e 2018, aproximadamente 31 milhões de hectares de floresta foram desmatados na região do Grande

Chaco, que inclui partes da Argentina, Bolívia, Paraguai e Brasil, de acordo com um estudo de 2020 publicado na revista Nature Ecology & Evolution (Torello-Raventos et al, 2020).

Estes são apenas alguns exemplos de medidas de desmatamento em diferentes partes do mundo. É importante ressaltar que essas medições são realizadas por diversos institutos de pesquisa, organizações governamentais e não governamentais, utilizando métodos de monitoramento e técnicas específicas para cada caso.

A atividade humana também acelerou a extinção de espécies. A caça excessiva, a destruição do habitat e a introdução de espécies não nativas são alguns dos principais fatores que contribuem para a rápida perda de biodiversidade em muitas partes do mundo.

A extinção de espécies foi um dos maiores problemas ambientais enfrentados no século XX e continua a ser um problema neste século.

O aumento das atividades humanas, como a destruição do habitat, o uso excessivo de recursos naturais, a introdução de espécies exóticas e as mudanças climáticas contribuíram para acelerar as taxas de extinção de espécies em todo o mundo (Barnosky et al, 2011).

Medições e estudos de extinções de espécies são geralmente baseados em dados observacionais coletados por meio de pesquisas de campo, registros históricos, estudos genéticos e modelos estatísticos.

Os cientistas usam essas informações para estimar o número de espécies ameaçadas ou extintas. Essas estimativas são frequentemente compiladas em Listas Vermelhas de Espécies Ameaçadas, como a Lista Vermelha da União Internacional para a Conservação da Natureza (IUCN).

Existem várias medições e estudos que estimam a taxa de extinção de espécies no Antropoceno. Aqui estão alguns exemplos de pesquisa e medição.

- Um estudo de 2017, publicado no Proceedings of the National Academy of Sciences (PNAS): Com base em dados fósseis e no registro histórico, este estudo estima que as taxas de extinção de espécies no Antropoceno sejam 100 a 1.000 vezes maiores do que as taxas de extinção natural (Ceballos, Ehrlich & Dirzo, 2017).
- Relatório da Plataforma Intergovernamental sobre Biodiversidade e Serviços Ecossistêmicos (IPBES) 2019: O Relatório de Avaliação Global de Biodiversidade e Serviços Ecossistêmicos do IPBES destaca que quase 1 milhão de espécies de plantas e animais estão em risco de extinção, a maioria das quais quase certamente em risco (IPBES, 2019).
- Um estudo de 2020 publicado na revista Nature: Este estudo usou dados de 10.000 espécies de vertebrados e descobriu que quase 500 espécies de mamíferos estão ameaçadas e menos de 1.000 indivíduos permanecem vivos atualmente (Ripple et al, 2020).

Essas medições e exemplos de pesquisa demonstram a taxa alarmante de extinção de espécies no Antropoceno e destacam a necessidade urgente de ações efetivas para conservar a biodiversidade.

As taxas de extinção podem variar por grupo de espécies e área geográfica e, embora estes estudos forneçam uma visão geral do problema, não são totalmente representativos de todas as espécies ameaçadas. Possivelmente estes dados estão defasados, tendo em vista que a cada ano os níveis de degradação aumentam e ocorre a subnotificação de espécies em risco de extinção.

Todavia, estas pesquisas fornecem informações importantes sobre extinções de espécies, seus impactos e ações necessárias para conservar a biodiversidade. É importante ressaltar que a extinção de espécies é um problema complexo e multifacetado que requer medidas de conservação e políticas efetivas para mitigá-lo.

Outro problema é que o esgotamento dos recursos naturais, como água potável, combustíveis fósseis e minerais, é resultado direto do crescimento populacional e do consumo excessivo. O uso insustentável desses recursos tem levado à escassez de recursos, degradação e competição, resultando em conflitos sociais e ambientais.

O esgotamento dos recursos naturais é um problema sério que surgiu no século XX devido ao aumento da atividade humana e ao aumento da demanda por recursos naturais. Uma das principais causas de extinção é a exploração descontrolada de recursos minerais, como petróleo, gás natural e minérios, desmatamento descontrolado e superexploração de recursos aquáticos marinhos e de água doce (Steffen et al, 2015).

Nos séculos XX e XXI a demanda por recursos naturais continuou a aumentar devido ao rápido crescimento econômico e crescimento populacional. A industrialização em grande escala, impulsionada por avanços tecnológicos e desenvolvimentos capitalistas, leva ao uso intensivo e muitas vezes insustentável dos recursos disponíveis. Como resultado, muitos recursos naturais foram esgotados em muitas partes do mundo.

Um exemplo notável do esgotamento dos recursos naturais é o esgotamento das reservas de petróleo. Ao longo dos séculos XX e XXI a extração e o uso desses recursos aumentaram rapidamente, reduzindo as reservas disponíveis.

Outro exemplo é a sobrepesca, que levou ao declínio de algumas populações de peixes e a extinção dramática de espécies marinhas.

Os impactos do esgotamento dos recursos naturais são substanciais e abrangem áreas como meio ambiente, economia e sociedade.

Degradação ambiental, perda de biodiversidade, escassez de recursos, inflação e instabilidade econômica são algumas das consequências diretas desse problema.

Para enfrentar o esgotamento dos recursos naturais, é importante adotar práticas sustentáveis de gestão de recursos, promover a conservação e uso eficiente, promover a transição para energia renovável e adotar políticas de conservação ambiental.

Conscientização, educação ambiental e engajamento político também são essenciais para garantir o uso responsável e equitativo dos recursos naturais em busca da sustentabilidade de longo prazo.

Durante este período da história, as mudanças humanas na Terra ocorreram de maneiras cada vez mais abrangentes. As atividades humanas, como agricultura, mineração, industrialização e urbanização, impactaram fortemente as paisagens, a biodiversidade e os ciclos naturais.

Essas mudanças refletem o progresso tecnológico e socioeconômico, mas também criaram a necessidade de encontrar abordagens sustentáveis para os desafios ambientais e a interação entre os seres humanos e o planeta.

Desafios socioambientais

O Antropoceno apresenta grandes desafios sociais e econômicos. A dependência contínua de combustíveis fósseis, a degradação ambiental, as mudanças climáticas e a perda de biodiversidade representam riscos para a segurança alimentar, migração forçada, conflitos por recursos naturais e impactos desproporcionais em comunidades marginalizadas, com consequências socioeconômicas complexas.

No contexto do Antropoceno, a necessidade de uma transição para modelos de desenvolvimento sustentável tornou-se cada vez mais urgente.

No Antropoceno, onde o impacto humano no planeta é significativo e duradouro, a conscientização ambiental, a educação ambiental e a mobilização social desempenham um papel importante na busca de soluções sustentáveis.

A consciência ambiental significa reconhecer a interdependência entre os seres humanos e o meio ambiente e compreender o impacto negativo da atividade humana na saúde do planeta.

A educação ambiental dá às pessoas o conhecimento e as habilidades para tomar decisões informadas e adotar um comportamento mais sustentável.

Por sua vez, a mobilização social envolve esforços de indivíduos, comunidades e organizações para promover mudanças positivas e influenciar políticas e práticas ambientalmente sustentáveis (Chawla, 2020).

Estudos têm demonstrado a importância desses pilares para a sustentabilidade ambiental no Antropoceno. A consciência ambiental é essencial para incutir um sentido de responsabilidade ambiental e incentivar a adoção de práticas mais sustentáveis. A educação ambiental desempenha um papel fundamental na educação de uma nova geração de cidadãos conscientes e proativos, capacitados para tomar decisões informadas e promover mudanças positivas em suas comunidades. E a mobilização social amplifica o impacto individual, promove a sustentabilidade e possibilita o surgimento de movimentos, campanhas e iniciativas coletivas que impulsionam políticas mais ambiciosas e efetivas (Leal Filho et al., 2021).

No contexto do Antropoceno, as sociedades e economias enfrentam muitos desafios críticos.

A intensificação da atividade humana e o crescimento da população global estão tendo impactos ambientais de longo alcance, incluindo mudanças climáticas, perda de biodiversidade, esgotamento de recursos naturais e degradação ambiental.

Esses desafios impactam o atual modelo de desenvolvimento, baseado na exploração indiscriminada dos recursos naturais e na busca do crescimento econômico a todo custo. Enfrentar esses desafios exigirá repensar e transformar radicalmente sociedades e economias para adotar abordagens sustentáveis e resilientes (Griggs et al, 2013).

Um dos maiores desafios é a transição para uma economia de baixo carbono e eficiente em termos de recursos. Isso inclui reduzir nossa dependência de combustíveis fósseis, fazer uso de fontes de energia renováveis e promover a eficiência energética e o uso responsável dos recursos naturais.

Essa transição requer mudanças estruturais na indústria, sistemas de transporte e práticas agrícolas, toda produção e consumo, bem como políticas e incentivos adequados para fomentar a inovação e a adoção de tecnologias sustentáveis (Raworth, 2017).

Outro desafio fundamental é promover a justiça social e socioambiental.

O Antropoceno exacerba as desigualdades existentes, impactando desproporcionalmente as populações marginalizadas e vulneráveis.

A degradação ambiental e as mudanças climáticas amplificam as desigualdades socioeconômicas, levando ao aumento da pobreza, deslocamento e perda de meios de subsistência.

É imperativo garantir que as soluções adotadas sejam inclusivas e promovam a justiça ambiental, levando em conta as necessidades e os direitos de todos os setores da sociedade.

Além disso, a transição para uma sociedade e economia sustentáveis exige uma mudança de mentalidade e de valores. Precisamos repensar nossas noções de progresso e sucesso, priorizando qualidade de vida, saúde, bem-estar e proteção ambiental em detrimento do consumo desenfreado e do crescimento econômico sem limites.

A educação desempenha um papel fundamental neste processo, promovendo a consciência, o pensamento crítico e a capacidade de tomar decisões informadas sobre questões ambientais (PNUD, 2015).

Enfrentar esses desafios requer uma abordagem integrada e colaborativa envolvendo governos, empresas, sociedade civil e comunidades locais.

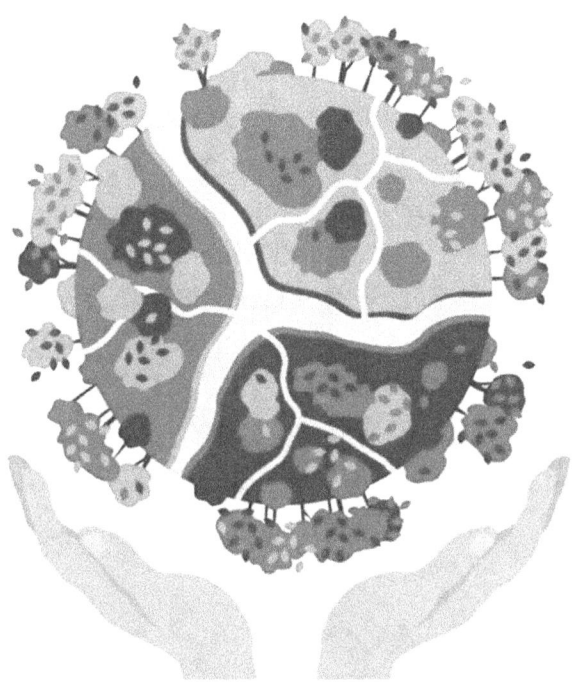

Mecanismos de parceria e governança devem ser estabelecidos para facilitar a cooperação e coordenação entre vários atores.

Além disso, é importante envolver plenamente a sociedade e promover a participação pública na tomada de decisões, garantindo a representatividade e a diversidade de vozes.

Apesar de todos estes desafios, há esperanças de que seja possível construir uma sociedade e uma economia sustentável no Antropoceno. Para enfrentar os desafios do Antropoceno, é imperativo adotar medidas urgentes e ambiciosas baseadas em evidências científicas e consenso global.

As políticas públicas desempenham um papel fundamental na criação de um ambiente propício para uma transição sustentável por meio de regulamentação, incentivos econômicos e planejamento estratégico.

Além disso, as empresas desempenham também uma função estratégica na adoção de práticas de negócios responsáveis e sustentáveis, integrando a proteção ambiental em suas operações e promovendo a inovação verde.

No Antropoceno, enfrentamos desafios complexos que afetam não apenas questões ambientais naturais, mas também políticas, culturais e de valores.

Desafios culturais relacionados com a sustentabilidade e a necessidade de uma mudança de valores para o compromisso com um futuro sustentável desde as ações presentes.

A urgência das ações coletivas

No atual cenário político, mitigar as mudanças climáticas e implementar políticas ambientais eficazes são os principais desafios. A necessidade de ação coletiva e de cooperação internacional para enfrentar a crise climática é clara e premente.

A falta de consenso global e a prevalência de interesses socioeconômicos conflitantes realmente dificultam a implementação de políticas apropriadas, mas não devem ser justificativas para não se buscar alternativas (Sachs, 2015).

A influência da indústria e o lobby político representam obstáculos significativos para a tomada de decisões baseada em evidências (Steffen et al., 2015).

Enfrentar esses desafios requer mudanças políticas, sociais, culturais e econômicas que promovam a liderança em sustentabilidade e justiça climática.

A cultura desempenha um papel importante na forma como percebemos e interagimos com o mundo que nos rodeia. No Antropoceno, enfrentamos desafios culturais de como valorizamos e interagimos com nosso meio ambiente.

Uma cultura de consumo e crescimento econômico desenfreado, como a que vivemos, tem produzido consequências socioambientais significativas, como a superexploração dos recursos naturais e a superprodução de resíduos (Díaz et al., 2018).

A mudança cultural significa repensar nossos valores e prioridades, tornando-nos mais conscientes dos limites do nosso planeta e adotando um estilo de vida sustentável.

Neste processo, a valorização do conhecimento tradicional e indígena também desempenha um papel importante nessa mudança cultural, permitindo uma conexão mais forte com a natureza e uma visão de mundo holística e integrativa (Berkes, 2017).

No Antropoceno, enfrentamos uma crise de valores que se manifesta na forma como tratamos o meio ambiente. O paradigma dominante de crescimento econômico baseado na exploração ilimitada dos recursos naturais está em desacordo com a necessidade de proteger os ecossistemas que sustentam a vida (Wilkinson & Pickett, 2018).

A transição para um futuro sustentável requer uma mudança de valores que enfatize a interdependência e equidade interespécies e promova a resiliência dos sistemas naturais e sociais.

Isso significa que precisamos repensar nossa relação com o planeta e adotar valores que priorizem a sustentabilidade, a justiça ambiental e a responsabilidade intergeracional.

Superar os desafios políticos, culturais e relacionados a valores do Antropoceno requer medidas coordenadas em todos os níveis da sociedade.

É fundamental que os governos busquem políticas ambientais ambiciosas baseadas na ciência e que abordem a mitigação das mudanças climáticas e a conservação dos recursos naturais (IPCC, 2018).

Além disso, a mobilização social desempenha um papel importante em forçar mudanças políticas e introduzir práticas sustentáveis nas comunidades (Hickel & Kallis, 2019).

Movimentos sociais como o ativismo pela mudança climática e a defesa dos direitos indígenas têm desempenhado um papel importante na conscientização e na promoção da sustentabilidade.

Devemos considerar que a educação desempenha um papel importante na mudança de valores e comportamentos. Incorporar as questões ambientais no currículo escolar é essencial para formar um público consciente e ativo, além de promover a alfabetização ambiental em todas as idades (Sterling, 2013).

Além disso, a divulgação da pesquisa e da ciência desempenha um papel fundamental na conscientização sobre os desafios do Antropoceno e na busca de soluções sustentáveis (Rockström et al., 2017).

Os desafios políticos, culturais e de valores no Antropoceno são complexos e interligados. Construir um futuro sustentável requer uma ação política ousada, uma mudança cultural profunda e uma mudança de valores em direção à sustentabilidade.

Portanto, mobilização social, educação ambiental e conscientização científica são os pilares desse processo. Somente por meio de uma abordagem integradora que considere as interfaces entre esses diferentes domínios poderemos enfrentar os desafios do Antropoceno e construir um futuro mais equitativo e sustentável para as gerações futuras.

Dados os desafios políticos, culturais e de valores do Antropoceno, é importante reconhecer que não há solução única ou soluções rápidas para esses problemas complexos.

Essa transformação exigirá um esforço conjunto de governos, instituições, empresas, comunidades e indivíduos para repensar e redesenhar a forma como abordam o meio ambiente.

No nível político, há a necessidade de estabelecer políticas ambientais abrangentes e integradas voltadas para a sustentabilidade de longo prazo, como a adoção de metas de redução de emissões de gases de efeito estufa e a promoção de energia renovável (IPCC, 2018).

Além disso, a governança ambiental precisa ser fortalecida para garantir a participação efetiva da sociedade civil e a tomada de decisões com base científica (Bäckstorm & Lövbrand, 2016).

Do ponto de vista cultural, precisamos promover uma mudança de paradigma nos valores atuais da sociedade que prioriza o crescimento econômico ilimitado em detrimento da saúde do planeta e da comunidade humana.

Isso inclui repensar nossa relação com a natureza, valorizando a conexão de todas as formas de vida e promovendo uma abordagem mais holística e sustentável para o desenvolvimento (Kallis et al., 2018).

Além disso, uma valorização do conhecimento tradicional indígena com uma compreensão profunda de sua relação harmoniosa com o meio ambiente desempenha um papel importante na transformação cultural (Berkes, 2017).

Em termos de valores, é importante adotar uma ética que reconheça a sustentabilidade e a justiça social como princípios fundamentais. Isso significa que devemos repensar os padrões de consumo e produção, visando uma economia mais circular e renovável, que minimize o impacto ambiental e promova a justiça social (Raworth, 2017).

Também precisamos cultivar mudanças de valores para promoção da responsabilidade intergeracional, reconhecer que nossas ações hoje afetam as gerações futuras e nos esforçar para deixar um legado positivo para o futuro (Gibson-Graham et al., 2013).

Diante dos desafios políticos, culturais e de valores do Antropoceno, é fundamental quebrar a inércia e agir com urgência. A mobilização social, a educação ambiental e a conscientização coletiva têm papel fundamental nesse processo. Juntos, podemos construir um futuro sustentável onde a coexistência harmoniosa dos seres humanos e da natureza se torne uma realidade.

Ao abordar os desafios políticos, culturais e de valores no Antropoceno, é importante reconhecer que estamos em uma encruzilhada crítica para o futuro de nosso planeta e das gerações futuras.

Enfrentar esses desafios de maneira integrada é fundamental para criar mudanças sistêmicas e garantir um futuro sustentável.

No nível político, precisamos de um acordo global para mitigar as mudanças climáticas e proteger o meio ambiente. A implementação de políticas ambiciosas, como a transição para a energia renovável e a redução das emissões de gases de efeito estufa, requer cooperação internacional sólida e governança eficaz (IPCC, 2018).

Por outro lado, é importante adotar abordagens baseadas em evidências científicas para superar interesses econômicos conflitantes e tomar decisões políticas informadas e fundamentadas (Steffen et al., 2015).

No contexto cultural, precisamos promover mudanças de paradigma relacionadas a valores arraigados que contribuem para a crise ambiental.

Uma cultura de consumismo desenfreado e crescimento econômico desenfreado precisa ser substituída por uma cultura que enfatize a sustentabilidade e resiliência dos sistemas naturais e sociais (Díaz et al., 2018).

Isto requer uma reavaliação dos sistemas produtivos e dos nossos hábitos de consumo, bem como uma maior consciência do impacto ambiental das nossas escolhas quotidianas.

Uma mudança de valores desempenha um papel central na superação dos desafios do Antropoceno. Precisamos repensar nossa relação com a natureza e abraçar valores que enfatizem a interdependência, a justiça social e a responsabilidade intergeracional. Isso significa reconhecer que fazemos parte de um sistema maior e que nossas ações têm profundas implicações para o planeta e para as gerações atuais e futuras (Wilkinson & Pickett, 2018).

Promover os valores de solidariedade, justiça social e respeito aos limites do planeta é essencial para garantir um futuro sustentável. Enfrentar esses desafios requer um esforço conjunto envolvendo governos, sociedade civil, instituições acadêmicas e indivíduos.

Neste processo, a educação desempenha um papel fundamental na conscientização e na promoção de um comportamento sustentável. Incorporar questões ambientais nos currículos escolares e promover programas de conscientização e envolvimento da comunidade são essenciais para capacitar as gerações atuais e futuras a se tornarem agentes de mudança (Sterling, 2013).

Os desafios políticos, culturais e de valor no Antropoceno estão interligados e requerem uma abordagem integrada para abordá-los de forma eficaz. A construção de um futuro sustentável passa pela implementação de políticas progressistas, pela transformação de culturas e pela adoção de valores que promovam a sustentabilidade e a justiça ambiental.

Somente por meio da cooperação global, conscientização e ação coletiva podemos enfrentar os desafios do Antropoceno e garantir um futuro mais justo e sustentável para as gerações presentes e futuras.

Tecnologia e inovação

O rápido desenvolvimento da tecnologia e da inovação foi uma característica central do Antropoceno. Os avanços tecnológicos nas comunicações, transporte, energia, agricultura e indústria alimentaram o crescimento econômico, mas também contribuíram para os impactos ambientais e sociais associados à época.

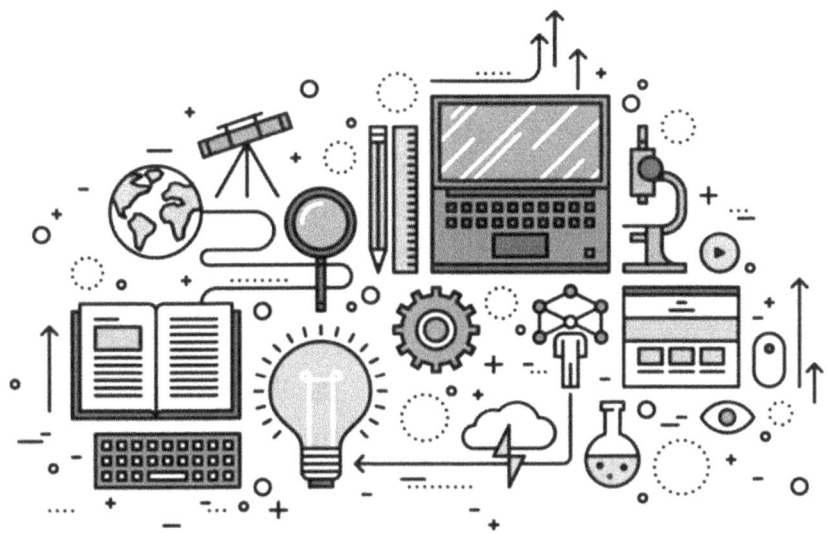

A tecnologia desempenha um papel fundamental tanto nos problemas colocados pelo Antropoceno quanto nas possíveis soluções para enfrentá-los. É importante reconhecer o papel crítico que a tecnologia e a inovação desempenham no contexto do Antropoceno.

A tecnologia trouxe mudanças sociais, econômicas e ambientais rápidas e profundas e teve um impacto profundo na forma como as pessoas interagem e transformam sistematicamente o planeta.

Um dos maiores impactos da tecnologia no Antropoceno é o aumento da eficiência na exploração e uso dos recursos naturais. Por exemplo, o desenvolvimento da tecnologia de mineração e processamento de recursos minerais possibilitou a exploração de recursos minerais em grande escala em todo o mundo.

Embora isso promova o crescimento econômico, também leva a danos ambientais, como destruição de habitats, poluição do solo e da água e emissões de gases de efeito estufa.

A tecnologia tem desempenhado um papel fundamental na disseminação de informações e no aumento da conectividade global. Por exemplo, a internet e as redes sociais têm possibilitado a troca imediata de informações e a mobilização das pessoas sobre as questões ambientais.

Isso aumentou o ativismo ambiental, aumentou a conscientização sobre o impacto da atividade humana no meio ambiente e estimulou políticas e mudanças comportamentais.

A tecnologia também tem contribuído para a transição para fontes de energia mais limpas e renováveis. Os avanços nas tecnologias de armazenamento de energia solar, eólica, maremotriz e geotérmica tornaram possível reduzir nossa dependência de combustíveis fósseis e reduzir as emissões de gases de efeito estufa.

Essas inovações têm desempenhado um papel fundamental na busca de soluções para a crise climática.

No entanto, é importante reconhecer que as tecnologias do Antropoceno também têm resultado em efeitos adversos. Por exemplo, o rápido progresso tecnológico tem levado ao descarte excessivo de dispositivos eletrônicos, criando problemas de descarte de lixo e poluição ambiental. Outros problemas têm ocorrido como a extração e descarte inadequado de metais raros e pesados no meio ambiente no processo de fabricação e consumo de eletrônicos; além do no consumo de energia associado ao uso intensivo de tecnologia.

Em síntese, a tecnologia e a inovação têm um papel fundamental no Antropoceno, trazendo mudanças rápidas e profundas para o meio ambiente.

Essas tecnologias têm o potencial de impulsionar a transição para um futuro mais sustentável, mas também trazem desafios e impactos negativos.

Portanto, o desenvolvimento e a implementação das tecnologias devem ser cuidadosamente pensados para maximizar os benefícios e minimizar os impactos negativos ao meio ambiente e à sociedade.

O Antropoceno apresenta desafios complexos que exigem soluções inovadoras. Nesse contexto, a tecnologia e a inovação terão papel fundamental no enfrentamento das questões ambientais, sociais e econômicas surgidas nesse período.

As tecnologias sustentáveis podem impulsionar a transição para uma economia de baixo carbono e reduzir o impacto ambiental da atividade humana. Por exemplo, a energia renovável desempenha um papel importante na redução das emissões de gases de efeito estufa e na mitigação das mudanças climáticas.

De acordo com o relatório do Painel Intergovernamental sobre Mudanças Climáticas (IPCC, 2018), a implantação em larga escala de energia renovável, como solar e eólica, é essencial para manter o aquecimento global em níveis seguros. Também vale citar o monitoramento remoto e a tecnologia de sensores que permitem uma melhor compreensão e gestão dos recursos naturais.

Por exemplo, satélites e drones podem ser usados para monitorar o desmatamento, a degradação da terra e a qualidade da água em tempo real. Esta informação é crítica para tomar decisões informadas e implementar políticas eficazes para a proteção e gestão dos recursos naturais (Chen et al., 2018).

A inovação também desempenha um papel fundamental na abordagem dos desafios socioambientais do Antropoceno. Por exemplo, a economia circular visa transformar a forma como produzimos e consumimos, promovendo a redução, reutilização e reciclagem de recursos. Essa abordagem inovadora visa minimizar o desperdício e a poluição e promover o uso eficiente dos recursos naturais (Geissdoerfer et al., 2017).

Além disso, a biotecnologia e a engenharia genética têm o potencial de revolucionar a agricultura e a produção de alimentos. Por exemplo, o desenvolvimento de culturas geneticamente modificadas resistentes a pragas e doenças reduzirá a necessidade de pesticidas e aumentará a produtividade agrícola (Brookes & Barfoot, 2018).

Essas inovações são particularmente importantes para enfrentar os desafios de segurança alimentar associados ao crescimento populacional e às mudanças climáticas. No entanto, é importante reconhecer que a tecnologia e a inovação por si só não são as soluções definitivas para os desafios do Antropoceno.

A implantação bem-sucedida dessas tecnologias requer um ambiente favorável que inclua políticas públicas sólidas, investimento em pesquisa e desenvolvimento, acesso equitativo e conscientização sobre os impactos sociais e ambientais.

É importante também considerar as questões éticas e de governança associadas ao uso dessas tecnologias e garantir que elas sejam usadas de forma responsável em benefício da sociedade como um todo e do meio ambiente (Stirling, 2013).

Participação ativa da sociedade civil e cooperação entre diversos atores, incluindo governos, empresas, instituições acadêmicas e comunidades locais, é fundamental para garantir que a tecnologia e a inovação sejam implementadas de forma justa, transparente e sustentável (Fressoli et al., 2014).

A tecnologia e a inovação também devem buscar a preservação e valorização da diversidade cultural e do conhecimento tradicional. A sabedoria ancestral dos povos indígenas e comunidades locais fornece informações valiosas sobre a gestão sustentável dos recursos naturais e sua coexistência harmoniosa com o meio ambiente (Berkes, 2012).

Ao reconhecer e respeitar esses conhecimentos, podemos adaptar nossas soluções tecnológicas de maneira culturalmente apropriada e promover a inclusão e a diversidade de perspectivas.

É importante ressaltar que a introdução de tecnologia e inovação no Antropoceno não deve ser vista como substituta da mudança de valores e comportamentos. A transição para uma sociedade mais sustentável requer mudanças fundamentais nos sistemas de crenças, culturas e valores dominantes (Gómez-Baggethun et al., 2013).

Ao disseminar o conhecimento e a conscientização sobre as questões ambientais, podemos criar uma cultura de responsabilidade e respeito ao meio ambiente. Nesse sentido, a mídia desempenha um papel importante na divulgação de informações corretas e na promoção de uma consciência ambiental mais ampla (Corbett, 2006).

Gerar histórias e narrativas que destaquem a interdependência entre o ser humano e o meio ambiente pode evocar empatia e motivação para uma ação coletiva em prol da sustentabilidade.

Tecnologia e inovação, portanto, desempenham um papel crucial na superação dos desafios políticos, culturais e relacionados a valores do Antropoceno. Aplicados adequadamente e integrados em abordagens participativas e inclusivas, eles podem impulsionar a transição para um futuro mais sustentável.

No entanto, é importante reconhecer que a transformação requer uma abordagem holística que considere as dimensões sociais, culturais e éticas, não apenas mudanças fundamentais de valores e comportamento, pois os desafios que enfrentamos no Antropoceno são multifacetados, incluindo aspectos políticos, culturais e relacionados a valores.

Por isso, a tecnologia e a inovação têm grande potencial colaborativo para responder a estes desafios, aproveitando o poder do progresso tecnológico e reconhecendo a importância da diversidade cultural, consciência ambiental e mobilização social, para a luta por um futuro sustentável.

Interconectividade atual

A era em que vivemos é caracterizada por um aumento das redes globais. A globalização econômica, os avanços nas comunicações e a expansão das redes de transporte estão aumentando a interdependência entre nações e regiões. Isso tem profundas implicações para o fluxo de recursos naturais, comércio internacional, disseminação de idéias, migração e disseminação de impactos ambientais e socioeconômicos.

O Antropoceno é caracterizado, assim, pelo aumento da interconectividade global devido aos avanços tecnológicos e ao fortalecimento dos laços econômicos, sociais e culturais entre as nações.

Nesse contexto, as redes de comunicação e transporte reduziram as distâncias geográficas, permitindo fluxos rápidos e constantes de informações, mercadorias e pessoas em todo o mundo.

Essa interconectividade trouxe benefícios como acesso mais fácil ao conhecimento, laços interpessoais mais fortes e intercâmbios culturais enriquecidos. No entanto, também apresenta desafios complexos com enormes impactos sociais, econômicos e ambientais (Brookes & Barfoot, 2018).

A rede global no Antropoceno tem grandes implicações sociais. O amplo acesso à internet e às redes sociais tem facilitado a formação de comunidades virtuais onde pessoas de diferentes partes do mundo podem se conectar.

Isso tem permitido a troca de idéias, a mobilização social e a defesa de causas comuns. Por exemplo, movimentos como o *Fridays for Future*, liderado por jovens ativistas ambientais, ganham visibilidade e influência global por meio das mídias sociais, influenciam a agenda política e inspiram ações em favor da sustentabilidade.

Mas a conectividade também traz consigo desafios políticos que precisam ser enfrentados no Antropoceno. A dependência de sistemas globais interconectados, com economias globalizadas e cadeias de suprimentos globais, pode criar vulnerabilidades e desequilíbrios.

Crises financeiras, pandemias e conflitos geopolíticos podem se espalhar rapidamente por meio dessas redes interconectadas, com impactos significativos em diferentes partes do mundo.

Enfrentar esses desafios requer uma abordagem colaborativa e coordenada entre as nações, bem como a promoção de uma governança global eficaz que considere as necessidades e perspectivas de todas as partes interessadas relevantes.

Além disso, a interconectividade global do Antropoceno apresenta desafios ecológicos, com a intensificação do comércio internacional e o aumento do movimento de bens e pessoas levando a emissões de gases de efeito estufa, degradação ambiental e perda de biodiversidade, contribuindo para o aumento da degradação socioambiental (Adger, 2010).

A expansão das cadeias de suprimentos globais também pode levar a práticas insustentáveis de produção e consumo, como o desmatamento para a produção de produtos leves e o gerenciamento inadequado de resíduos.

Enfrentar esses desafios requer uma abordagem holística e colaborativa que combine conectividade global com sustentabilidade ambiental e justiça social. Isso inclui fortalecer a cooperação internacional, promover práticas sustentáveis de produção e consumo, implementar medidas de mitigação e adaptação às mudanças climáticas e avaliar a diversidade cultural e o conhecimento tradicional.

Isso é mais um bom motivo para se promover a conscientização e a educação ambiental para a sustentabilidade em todos os níveis, para que as pessoas possam entender os vínculos entre suas ações individuais e seu impacto no meio ambiente global.

A transição para uma conectividade global mais sustentável requer a introdução de políticas e regulamentos que promovam a responsabilidade social e ambiental nas relações comerciais internacionais. Mecanismos como acordos comerciais multilaterais justos e sustentáveis, certificação ambiental e padrões de produção responsável podem ajudar a reduzir o impacto ambiental negativo da interconexão global.

Investimentos em tecnologias limpas e eficientes, como energia renovável e transporte sustentável, são essenciais para minimizar a pegada ecológica associada à atividade econômica global (Folke, 2010).

Devemos sempre lembrar que a rede global no Antropoceno também requer reconhecimento e respeito pela diversidade cultural. A troca de idéias, valores e conhecimentos entre diferentes culturas enriquece a sociedade e contribui para soluções inovadoras e sustentáveis. No entanto, é importante garantir que essa troca seja baseada no respeito mútuo, na manutenção da identidade cultural e no reconhecimento dos saberes tradicionais.

Promover o diálogo intercultural e a cooperação entre comunidades locais e instituições globais é essencial para respeitar a diversidade cultural e criar interconexões globais inclusivas e equitativas.

Esta rede global vem com um conjunto de desafios políticos, culturais e baseados em valores. Mas, ao mesmo tempo, também oferece oportunidades para trabalhar em conjunto e de forma sustentável em questões globais.

Ao reconhecer a importância da interconectividade global e nos esforçar para minimizar seu impacto negativo, podemos construir um futuro mais equilibrado e harmonioso para o planeta e todas as suas formas de vida (Geissdoerfer, 2017).

É fundamental que a sociedade reconheça a importância de estilos de vida sustentáveis e adote práticas que reduzam o consumo excessivo, minimizem o desperdício e promovam a conservação dos recursos naturais. Mais uma vez, a educação ambiental desempenha um papel fundamental neste processo, fornecendo o conhecimento e as habilidades necessárias para compreender as complexas interações entre os sistemas naturais e humanos e para tomar decisões informadas.

A mobilização social é essencial para impulsionar a ação coletiva e influenciar políticas e práticas socioeconômicas.

A exemplo do que vem ocorrendo através do Projeto Escola Verde, desenvolvido na região do Vale do São Francisco, no Brasil, envolvendo Universidades, escolas, empresas e comunidades (escolaverde.org).

Os movimentos sociais e as organizações não governamentais desempenham um papel importante na defesa dos direitos ambientais, na promoção da justiça social e na busca de soluções sustentáveis. Através de protestos pacíficos, campanhas de conscientização e defesa, podemos trazer mudanças significativas e influenciar agendas políticas (Lebel et al., 2006).

Mas, os desafios políticos, culturais e de valores do Antropoceno também são inseparáveis da necessidade de uma governança global eficaz. A cooperação internacional por meio de acordos e tratados é fundamental para abordar questões transfronteiriças, como mudanças climáticas, perda de biodiversidade e gestão de recursos naturais.

Instituições globais, como as Nações Unidas e suas agências especializadas, desempenham um papel central na facilitação dessas discussões e na coordenação de esforços conjuntos (Steffen et al., 2011).

No entanto, a governança global enfrenta grandes desafios, como falta de consenso entre as nações, interesses econômicos conflitantes e desequilíbrios de poder. A superação desses obstáculos requer o fortalecimento de mecanismos democráticos e inclusivos de tomada de decisão, envolvendo uma ampla gama de atores, incluindo governos, setor privado, sociedade civil e comunidades locais.

Neste contexto, é imprescindível promover uma perspetiva global de igualdade e justiça, tendo em conta as diferentes realidades socioeconômicas e culturais de cada país (Escobar, 2018).

Dados os desafios políticos, culturais e de valores políticos do Antropoceno, é imperativo que as sociedades adotem uma abordagem cooperativa e multifacetada.

Precisamos reconhecer que a interconexão global traz benefícios e desafios complexos que exigem ação coletiva e uma mudança de paradigma na forma como interagimos com o planeta.

Somente por meio do engajamento positivo, da consciência ambiental e da adoção de valores sustentáveis podemos enfrentar com sucesso os desafios do Antropoceno e construir um futuro resiliente e equilibrado para as próximas gerações.

Sustentabilidade no Antropoceno

Os grandes impactos socioambientais do Antropoceno criaram um ambiente favorável para elevação da consciência ambiental e o surgimento de movimentos de sustentabilidade em todo o mundo.

Preocupações com as mudanças climáticas, perda de biodiversidade e degradação ambiental estão aumentando as atividades e iniciativas de empresas, governos, comunidades e indivíduos para promover práticas mais sustentáveis e de maior responsabilidade social e ambiental.

Por isso é importante ressaltar a promoção da consciência ambiental e do movimento pela sustentabilidade no contexto do Antropoceno.

A consciência ambiental é a compreensão e o reconhecimento do impacto das atividades humanas no meio ambiente e a necessidade de agir de forma responsável e sustentável para proteger os recursos naturais e os ecossistemas da Terra. No Antropoceno, a consciência ambiental foi intensificada pela crescente reflexão sobre os graves problemas ambientais, como mudança climática, perda de biodiversidade, poluição e degradação do ecossistema.

Por seu turno, a disseminação de informações e a educação ambiental têm ajudado a aumentar a consciência ambiental em diferentes setores da sociedade, incluindo governos, empresas, comunidades, organizações não governamentais e indivíduos.

Esta crescente consciência ambiental tem levado ao surgimento de vários movimentos de sustentabilidade que buscam promover práticas e políticas que minimizem o impacto ambiental e promovam a sustentabilidade. Esses movimentos têm como foco o desenvolvimento de políticas ambientais, a adoção de práticas de negócios sustentáveis, a promoção do consumo consciente e a participação em ações mobilizadoras de proteção e recuperação do meio ambiente.

Um exemplo notável é o movimento de sustentabilidade corporativa que busca integrar princípios e práticas ambientais às operações de negócios. Empresas de diversos setores estão implementando estratégias de sustentabilidade. Isso inclui reduzir as emissões de gases de efeito estufa, implementar programas de eficiência energética, adotar práticas de gerenciamento de resíduos e promover a responsabilidade social corporativa.

Desta forma, o movimento em prol da sustentabilidade tem aumentado a conscientização e o engajamento da sociedade civil, levando a mudanças comportamentais e individuais.

Estas mudanças implicam em reduzir o consumo de recursos, usar transporte sustentável, práticas de reciclagem e compostagem, participar de projetos de conservação e apoiar iniciativas de energia renovável.

Esses movimentos estão influenciando as políticas públicas e promovendo a adoção de medidas de proteção ambiental, o estabelecimento de metas de redução de emissões e a implementação de práticas sustentáveis em diversos setores da sociedade.

Assim, a consciência ambiental e o movimento de sustentabilidade podem desempenhar um papel importante no Antropoceno, facilitando uma mudança de paradigma na forma como as pessoas se relacionam com o meio ambiente. Esses movimentos têm o potencial de acelerar a adoção de práticas sustentáveis e a promoção de políticas ambientais, protegendo os recursos naturais e ajudando a construir um futuro sustentável.

A crise ambiental e a crescente compreensão e percepção do Antropoceno tem levado ao surgimento de movimentos de sustentabilidade que visam promover mudanças positivas no uso dos recursos naturais, consumo consciente e proteção ambiental.

Estes movimentos têm um papel fundamental na sensibilização da população e na promoção de práticas sustentáveis, contribuindo assim para a construção de um futuro mais equilibrado e resiliente.

Exemplos notáveis de movimentos de sustentabilidade são os movimentos ambientais que visam defender os direitos ambientais, promover a proteção da biodiversidade e combater a degradação ambiental. Organizações como o Programa Escola Verde, o *Greenpeace*, o *World Wildlife Fund* (WWF) e *Friends of the Earth* têm desempenhado um papel fundamental na conscientização pública e na defesa de políticas ambientais mais rígidas em todo o mundo (Johnston, 2015).

Esses movimentos visam combater a superexploração dos recursos naturais, o desmatamento, a poluição ambiental e outras práticas insustentáveis que ameaçam o equilíbrio ecológico.

Além do movimento ambiental, vários outros movimentos de sustentabilidade ganharam força durante o Antropoceno. Por exemplo, os movimentos da agricultura orgânica e agroecologia cresceram em popularidade devido aos seus benefícios ambientais e preocupação com a saúde humana. A agricultura orgânica prioriza a proteção da saúde do solo, da biodiversidade e da qualidade dos alimentos e incentiva o uso de práticas agrícolas que evitem o uso de pesticidas e fertilizantes químicos (Gomiero et al., 2011).

A mudança está impactando tanto os consumidores que desejam alimentos mais saudáveis e produzidos de forma sustentável quanto os produtores que desejam uma agricultura mais responsável. Além disso, o movimento da economia circular surgiu como uma abordagem inovadora para lidar com a geração excessiva de resíduos e o esgotamento dos recursos naturais.

A economia circular propõe um modelo em que os materiais são reaproveitados, reciclados e reintegrados ao ciclo produtivo, evitando o desperdício e a degradação ambiental (Geissdoerfer et al., 2017).

Empresas e organizações estão adotando técnicas circulares em seus processos de produção para reduzir o esgotamento dos recursos naturais, minimizar o desperdício e prolongar a vida útil de seus produtos. Esses movimentos de sustentabilidade foram impulsionados pela crescente consciência ambiental da sociedade.

A consciência ambiental é entendida como a compreensão da interação entre os seres humanos e o meio ambiente e o reconhecimento do impacto das atividades humanas no equilíbrio dos ecossistemas.

A educação ambiental desempenha um papel fundamental na promoção dessa consciência, fornecendo às pessoas conhecimentos e habilidades para entender os desafios ambientais e se engajar em práticas mais sustentáveis.

A conscientização ambiental pode ser promovida por meio de programas educacionais, campanhas de conscientização, eventos comunitários e atividades de engajamento público.

Um exemplo de programa de educação ambiental é o Programa Escolas Sustentáveis e o Programa Escola Verde, que visam incorporar a sustentabilidade em todos os aspectos do currículo escolar. Esses projetos promovem a conscientização ambiental entre os jovens e permitem que eles tomem decisões informadas e responsáveis sobre o meio ambiente (Salvetti et al., 2019).

Além disso, a conscientização ambiental pode ser promovida por meio de mídias como documentários, livros e redes sociais, ampliando o alcance das mensagens sobre a importância da sustentabilidade. A mobilização social é outro aspecto importante para aumentar a consciência ambiental e facilitar mudanças significativas no Antropoceno.

Movimentos como os protestos climáticos, liderados por jovens ativistas como Greta Thunberg, demonstram a capacidade das sociedades se unirem e exigirem ações urgentes contra as mudanças climáticas. A mobilização social inclui a organização de manifestações, petições, boicotes e outras formas de pressão para influenciar políticas governamentais e corporativas (Boas et al., 2020).

Além disso, a conscientização ambiental e a mobilização social também estão diretamente relacionadas a mudanças de valores e atitudes ambientais. Uma mudança para um paradigma mais sustentável requer um reexame dos valores culturais que priorizam o crescimento econômico sobre a proteção ambiental. É necessário promover uma mudança de valores em direção a uma cultura que valorize a natureza, a justiça social e a qualidade de vida (Seyfang, 2013).

A consciência ambiental e a mobilização social desempenham um papel importante na abordagem dos problemas ambientais e na facilitação de mudanças positivas no Antropoceno. Por meio da educação ambiental, conscientização pública, mobilização social e mudança de valores, podemos reconhecer nosso papel como guardiões do planeta e construir uma sociedade mais sustentável.

Esses movimentos são movidos pela necessidade de enfrentar os desafios ambientais que a humanidade se coloca hoje, e visam criar uma consciência coletiva sobre a importância da sustentabilidade.

Um dos aspectos fundamentais da consciência ambiental é a compreensão de que somos parte integrante do ecossistema global e que nossas ações têm impacto direto na saúde do planeta. Isso requer que reconheçamos as conexões entre todos os seres vivos e os sistemas naturais, e que a preservação desses sistemas é fundamental para nossa própria sobrevivência (Rockström et al., 2009).

Por isso, o movimento de sustentabilidade desempenha um papel fundamental na promoção de mudanças significativas. Esses movimentos variam de pequenas ações individuais às manifestações globais em larga escala.

Como dissemos anteriormente, um exemplo notável é o movimento "Fridays for Future" liderado por Greta Thunberg, que mobilizou milhões de estudantes em todo o mundo para protestar contra a inação na luta contra as mudanças climáticas (Thunberg, 2018).

Esses movimentos podem criar pressões políticas e sociais para uma implementação mais eficaz de políticas ambientais e para que empresas e governos adotem práticas sustentáveis. Além disso, os movimentos de conscientização ambiental e sustentabilidade também desempenham um papel importante na promoção da responsabilidade pessoal.

Eles encorajam os indivíduos a adotar um estilo de vida mais sustentável, reduzir o consumo excessivo, usando energia renovável, reciclando e consumindo alimentos orgânicos (Gomiero et al., 2011).

Implementadas em massa, essas mudanças comportamentais podem ter um impacto significativo na redução do consumo de recursos naturais e na redução da pegada ambiental das sociedades. Além da ação individual, os movimentos de conscientização ambiental e sustentabilidade também estão impulsionando mudanças estruturais nos níveis político e econômico.

Eles questionam o atual modelo de desenvolvimento, baseado no crescimento econômico a todo custo, e defendem uma economia circular que visa minimizar o desperdício e maximizar o uso eficiente dos recursos, explorando alternativas mais sustentáveis (Geissdoerfer et al., 2017).

Essa transformação requer uma mudança de paradigma na forma como entendemos o progresso e o desenvolvimento e fazemos da sustentabilidade nosso objetivo central.

Por isso, os movimentos de conscientização ambiental e sustentabilidade são fundamentais para enfrentar os desafios do Antropoceno.

Esses movimentos promovem a compreensão da conexão entre as pessoas e seus ambientes, impulsionam a ação individual e coletiva, e promovem a mudança estrutural na sociedade. Com base nessa conscientização e mobilização, poderemos construir um futuro mais sustentável e proteger a saúde do nosso planeta para as gerações futuras.

Mas, apesar dos avanços dos movimentos de conscientização ambiental e sustentabilidade, ainda enfrentamos grandes desafios.

Um dos principais obstáculos é a resistência de setores econômicos e políticos interessados em manter o *status quo*, que muitas vezes priorizam ganhos de curto prazo em detrimento da proteção ambiental de longo prazo (Bäckstruct et al., 2019).

Essa resistência pode dificultar a implementação de políticas ambientais mais rígidas ou a introdução de práticas sustentáveis em larga escala.

Além disso, enquanto a consciência ambiental é frequentemente focada em áreas mais desenvolvidas e privilegiadas, as comunidades marginalizadas de baixa renda são excluídas da discussão e enfrentam problemas ambientais desproporcionais (Schlosberg et al., 2020).

É vital que o movimento de sustentabilidade responda de forma abrangente e sensível às questões de justiça ambiental, garantindo que todas as pessoas tenham acesso a um ambiente saudável e que participem das decisões ambientais.

Outro desafio é a necessidade de superar os paradigmas do consumismo e do crescimento econômico ilimitado. A publicidade e a cultura de consumo sempre incentivam a compra de produtos e serviços baseados em recursos não renováveis e processos de produção insustentáveis (Jackson, 2017).

A mudança dessa mentalidade exigirá uma mudança profunda nos valores e prioridades da sociedade, promovendo uma visão de prosperidade baseada na qualidade de vida, no bem-estar coletivo e no equilíbrio com a natureza.

Enfrentar esses desafios requer fortalecer ainda mais a educação e a conscientização ambiental desde tenra idade, integrando as questões ambientais no currículo escolar e incentivando a participação ativa dos alunos em projetos e iniciativas ambientais (Sterling, 2020).

Por isso, é importante fomentar a cooperação entre diversos atores sociais, como governos, setor privado, ONGs e comunidades locais, para trabalharem juntos na busca de soluções sustentáveis (Biermann et al., 2018).

Os movimentos de conscientização ambiental e sustentabilidade estão desempenhando um papel fundamental na transformação necessária para enfrentar os desafios do Antropoceno. Esses movimentos criam uma consciência coletiva sobre a importância da sustentabilidade e são a base para impulsionar grandes mudanças políticas, econômicas e culturais.

No entanto, ainda enfrentamos grandes desafios como a resistência de interesses econômicos e políticos, a marginalização de comunidades marginalizadas e a necessidade de superar o consumismo. Enfrentar esses desafios requer fortalecer a educação ambiental, promover a justiça ambiental e buscar uma cooperação efetiva entre os diversos atores da sociedade.

Desafios éticos e de governança

De partida, cabe reafirmar que no contexto do Antropoceno todas as decisões e ações humanas têm implicações de longo alcance para as gerações futuras, outras espécies e o próprio planeta. Isso levanta questões sobre equidade intergeracional, distribuição equitativa de recursos, gestão ambiental e a necessidade de mais.

Por isso, uma abordagem de governança global eficaz deve levar tudo isso em conta para enfrentar os desafios globais. Dada a influência humana dominante na formação dos processos ecológicos e geológicos na Terra, é importante focar nos desafios éticos e de gestão. Esses desafios são complexos e exigem uma abordagem multidisciplinar para serem efetivamente enfrentados.

Um dos maiores desafios éticos é o da justiça intergeracional. As decisões e ações dos povos do Antropoceno influenciarão as gerações futuras. Portanto, precisamos considerar como nossas escolhas atuais afetarão o bem-estar das gerações futuras e não comprometerão seu direito a um meio ambiente saudável e sustentável.

Os impactos da mudança ambiental afetam diferentes grupos sociais de forma diferente, especialmente os grupos mais vulneráveis, como comunidades de baixa renda, povos indígenas e países em desenvolvimento. Abordar as desigualdades socioeconômicas e garantir que os benefícios e custos de mitigação e adaptação sejam compartilhados de forma justa é fundamental.

Do ponto de vista da governança, o Antropoceno apresenta desafios transnacionais complexos. A cooperação internacional é necessária para enfrentar problemas globais como mudança climática, perda de biodiversidade e poluição transfronteiriça.

Fortalecer os mecanismos de governança global, como a Convenção-Quadro das Nações Unidas sobre Mudança do Clima e outros acordos internacionais, é fundamental para promover a cooperação e a implementação efetiva de medidas de proteção ambiental.

Além disso, as estruturas de governança nos níveis local e regional devem ser desenvolvidas e aprimoradas, envolvendo as partes interessadas relevantes, como governos, sociedade civil, setor privado e comunidades locais. O envolvimento ativo e inclusivo de várias partes interessadas é essencial para uma tomada de decisão eficaz e implementação de ações sustentáveis.

Enfrentar desafios éticos e regulatórios no Antropoceno requer uma perspectiva de longo prazo que considere não apenas os benefícios imediatos das ações humanas, mas também as consequências de longo prazo. Isso implica em um diálogo amplo e contínuo entre diferentes disciplinas acadêmicas, bem como a cooperação entre acadêmicos, formuladores de políticas, tomadores de decisão e a sociedade em geral.

Por sua vez, os desafios da ética e governança do Antropoceno exigem uma abordagem integrada e colaborativa para garantir a proteção ambiental, a equidade inter e intrageracional e a promoção do desenvolvimento sustentável.

Esses desafios precisam ser enfrentados com base em princípios éticos sólidos, como justiça, imparcialidade e responsabilidade, e por meio de estruturas de governança eficazes que promovam a cooperação e a participação internacional.

O rápido desenvolvimento tecnológico e a interconectividade global têm impactos ambientais e sociais profundos, levantando questões éticas complexas sobre nossa responsabilidade com o planeta e suas futuras gerações.

Um dos desafios éticos mais prementes no Antropoceno é o reconhecimento e respeito pela dignidade essencial e inerente de toda a vida na Terra. A busca constante de progresso e desenvolvimento econômico muitas vezes põe em perigo a biodiversidade e os ecossistemas que sustentam a vida (Leopold, 1949).

A exploração indiscriminada dos recursos naturais e a resultante degradação ambiental levantam questões éticas sobre nossas obrigações morais de sustentar e proteger a vida em todas as suas formas.

Por isso, a governança do Antropoceno também enfrenta grandes desafios. A complexidade e a escala dos problemas ambientais exigem abordagens de governança colaborativas, adaptativas e baseadas na ciência (Folke et al., 2005).

No entanto, a tomada de decisão e a implementação de políticas ambientais são muitas vezes influenciadas por interesses econômicos e políticos de curto prazo, dificultando a consumação de políticas ambientais efetivas (Biermann et al., 2012).

A governança do Antropoceno requer uma abordagem integrada e holística que considere não apenas os aspectos ambientais, mas também os aspectos sociais, econômicos e culturais. A questão do equilíbrio entre interesses individuais e coletivos também coloca desafios éticos e regulatórios no Antropoceno.

Os paradigmas dominantes de consumo e crescimento econômico degradantes estão causando desigualdades sociais e ambientais significativas, afetando desproporcionalmente comunidades marginalizadas e vulneráveis (Raworth, 2017).

Alcançar a governança ética requer priorizar o bem comum para superar interesses individualistas e promover um sistema socioeconômico mais justo e equitativo. Enfrentar esses desafios éticos e de governança no Antropoceno requer engajamento ativo e uma mudança de paradigma.

Neste sentido, a ética ambiental, que reconhece a interdependência e as conexões entre os sistemas naturais e humanos, pode fornecer uma estrutura conceitual para guiar nossas ações (Callicott, 1989).

A participação pública e a inclusão de diversas opiniões e perspectivas são fundamentais para uma governança efetiva no Antropoceno (Dryzek et al., 2013).

As decisões devem ser baseadas em evidências científicas e conhecimento tradicional, mas também devem considerar implicações éticas e implicações de longo prazo. Para que essas mudanças ocorram, é necessária uma mudança cultural e uma nova consciência coletiva.

Os movimentos sociais e as organizações da sociedade civil desempenham um papel importante na conscientização e mobilização para a sustentabilidade e justiça ambiental. Esses movimentos têm o poder de influenciar a opinião pública, impulsionar mudanças políticas e estimular a adoção de práticas mais éticas e sustentáveis (Hulme, 2015).

A educação desempenha um papel fundamental na formação dessa consciência ambiental e na capacitação de indivíduos e comunidades para enfrentar os desafios éticos e de governança do Antropoceno.

A educação ambiental, tanto formal como informal, desempenha um papel importante na promoção da compreensão dos ecossistemas, na divulgação do conhecimento científico e na promoção de valores éticos de respeito e preocupação com o meio ambiente (Sterling et al., 2020).

A educação ambiental prepara as gerações atuais e futuras para enfrentar os complexos desafios do Antropoceno, desenvolvendo habilidades de pensamento crítico e promovendo uma visão de mundo sustentável.

No entanto, superar os desafios éticos e regulatórios no Antropoceno requer não apenas mudanças individuais e sociais, mas também ação política efetiva que atue junto aos governos para o desenvolvimento e implementação de políticas e regulamentações que promovam a sustentabilidade e a equidade (Biermann et al., 2012).

Iniciativas internacionais, como os Objetivos de Desenvolvimento Sustentável (ODS) das Nações Unidas, fornecem uma proposta estrutural global para orientar a ação do governo e promover a cooperação internacional para encontrar soluções sustentáveis (Nações Unidas, 2015).

Enfrentar desafios éticos e gerenciais no Antropoceno requer um esforço coletivo multidisciplinar. Ciência, ética, educação, movimentos sociais e política devem trabalhar juntos para criar novas narrativas e paradigmas sobre a relação entre a Terra e seus habitantes.

Os movimentos de consciência ambiental e de sustentabilidade desempenham um papel fundamental neste processo, despertando a consciência coletiva e impulsionando a mudança para um futuro mais sustentável e ético (Biermann et al., 2012).

Em síntese, a agenda ética e de governança do Antropoceno deve refletir minuciosamente a relação entre a Terra e as gerações futuras. A consciência ambiental e o movimento pela sustentabilidade são elementos-chave na busca por soluções sustentáveis e justas.

Ao abordar questões éticas, encorajar a participação pública e adotar uma abordagem integrada de governança, enfrentaremos os desafios do Antropoceno e promoveremos a interconexão global e o equilíbrio entre responsabilidade ambiental e ética.

Os movimentos de conscientização ambiental e sustentabilidade desempenham um papel importante no Antropoceno, conscientizando o público sobre a importância da proteção ambiental e promovendo ações individuais e coletivas em direção à sustentabilidade. Esses movimentos provocaram grandes mudanças e impactaram a política, os negócios e a sociedade em geral.

A consciência ambiental significa reconhecer que fazemos parte de um sistema interdependente conectado ao nosso meio ambiente e reconhecer a importância de preservar e proteger os recursos naturais para as gerações futuras.

Este despertar para a importância da sustentabilidade tem levado à adoção de práticas mais responsáveis e à procura de soluções inovadoras que ajudem a proteger os ecossistemas e a reduzir o impacto ambiental.

Os movimentos de sustentabilidade têm um papel importante na conscientização e na mobilização da sociedade para práticas mais sustentáveis. Esses movimentos visam influenciar políticas públicas, engajar empresas e incentivar a participação cidadã na construção de um futuro mais sustentável. Além disso, o movimento de conscientização ambiental e sustentabilidade tem incentivado a inovação e a criação de soluções eficientes para os desafios ambientais.

Explorar energias renováveis, promover uma economia de baixo carbono, adotar hábitos de consumo consciente e reconhecer a biodiversidade são exemplos de progressos facilitados por essa consciência coletiva.

Mas os desafios éticos e de governança no Antropoceno vão além dos movimentos de conscientização e sustentabilidade. Isso exigirá grandes mudanças na política, economia, sistemas sociais e como valorizamos e nos relacionamos com o meio ambiente natural.

A ética ambiental desempenha um papel fundamental ao refletir nossa responsabilidade para com o meio ambiente e as gerações futuras. Leva-nos a repensar os nossos valores, hábitos e estruturas sociais à luz do impacto ambiental do Antropoceno. A ética ambiental reconhece a importância essencial da natureza e também considera o impacto das ações humanas sobre o meio ambiente e a responsabilidade que temos em relação a ele.

As questões éticas no Antropoceno são inseparáveis das questões de justiça e equidade. A degradação ambiental e as mudanças climáticas afetam desproporcionalmente as comunidades mais vulneráveis e marginalizadas, exacerbando as desigualdades existentes (Bullard, 1993).

Portanto, é importante que uma abordagem ética considere os princípios de justiça social, equidade e inclusão, e busque formas de mitigar esses impactos negativos nas comunidades.

Além dos desafios éticos, a governança do Antropoceno requer abordagens inovadoras e adaptativas. As estruturas tradicionais de governança são muitas vezes inadequadas para lidar com a complexidade e a interconexão das questões ambientais atuais (Folke et al., 2005).

A tomada de decisões e a implementação de políticas ambientais requerem uma abordagem mais participativa, colaborativa e inclusiva envolvendo diversos atores, como governos, sociedade civil, setor privado e comunidades locais.

No Antropoceno, a ética e a governança também enfrentam desafios de incerteza e complexidade. A mudança ambiental ocorre em sistemas dinâmicos e interconectados, e seu impacto é difícil de prever e estimar (Levin et al., 2013).

Neste contexto, é importante adotar uma abordagem adaptativa que se alicerça no conhecimento científico e considera diferentes perspetivas e saberes tradicionais. Transparência, responsabilidade e avaliação contínua são componentes-chave da governança ética e eficaz no Antropoceno.

Enfrentar esses desafios éticos e de governança requer o envolvimento ativo da sociedade como um todo. Movimentos sociais, ONGs e sociedade civil desempenham um papel importante na conscientização, ativismo e promoção de políticas e mudanças comportamentais (Hickman, 2016).

A participação pública, a educação ambiental e a promoção da consciência coletiva são fundamentais para impulsionar as mudanças necessárias no Antropoceno.

Por todos esses motivos, as agendas de ética e governança devem refletir de forma completa nossas responsabilidades e nossa relação com o meio ambiente e as gerações futuras. Combinar ética ambiental com abordagens inovadoras de governança pode fornecer diretrizes e princípios para enfrentar esses desafios complexos.

Além disso, o envolvimento da sociedade civil e a promoção da consciência coletiva são essenciais para impulsionar ações e mudanças efetivas. Somente por meio de uma abordagem ética e participativa podemos enfrentar os desafios políticos, culturais e de valores do Antropoceno e criar um futuro sustentável e ético para o nosso planeta.

Resiliência e adaptação

O termo "Resiliência" tem suas origens na física e originalmente descrevia a capacidade de um material retornar à sua forma original após ser submetido a estresse ou deformação, significando "elasticidade", "flexibilidade" e "adaptação". O conceito foi introduzido pelo cientista britânico Thomas Young no início do século XIX (Southwick et al, 2014).

Mais tarde, o termo foi adotado por outras áreas do conhecimento como engenharia, psicologia, ecologia e ciências sociais, expandindo seu significado para além do contexto físico.

Na década de 1970, os pesquisadores ambientais C.S. Holling e Baz Holling introduziram o conceito de resiliência do ecossistema, referindo-se à capacidade dos ecossistemas de se adaptar e se recuperar de perturbações e mudanças ambientais (Ungar, 2018).

A psicologia começou a estudar a resiliência na década de 1970, com foco na capacidade das pessoas de se recuperarem de traumas e adversidades. Desde então, o conceito de resiliência tem sido extensivamente estudado em diversos campos, destacando-se sua importância na compreensão da adaptação e sobrevivência de sistemas complexos diante de desafios e mudanças (Bonanno, Westphal & Mancini, 2011).

Assim, resiliência significa a capacidade de um sistema ou indivíduo de se adaptar, recuperar e lidar com falhas, mudanças e adversidades, de modo que o conceito é imediatamente referido como a capacidade de um ambiente resistir, absorver choques e manter a funcionalidade, para manter ou restaurar um estado de equilíbrio ou um novo estado estável após ser submetido a condições estressantes ou perturbações.

Desta forma, a resiliência no Antropoceno refere-se à capacidade dos ecossistemas de resistir e se recuperar de distúrbios naturais ou induzidos pelo homem, como incêndios florestais, desastres naturais, poluição, mudanças climáticas e perda de biodiversidade.

No Antropoceno, a resiliência e a adaptabilidade estão se tornando cada vez mais importantes para lidar com as mudanças e incertezas ambientais.

Sociedades, economias e ecossistemas estão enfrentando tensões e choques sem precedentes, exigindo estratégias de adaptação para garantir a sustentabilidade a longo prazo. Compreender a resiliência do sistema e promover a adaptabilidade é a chave para enfrentar os desafios do Antropoceno (Adger, 2000).

O Antropoceno é caracterizado por mudanças ambientais rápidas e profundas, impulsionadas pela influência humana dominante. Neste cenário, a resiliência e a adaptabilidade desempenham papéis fundamentais na resposta e sobrevivência dos sistemas socioambientais.

A resiliência desta forma pode ser entendida como a capacidade de um sistema de absorver rupturas, adaptar-se à mudança, reorganizar-se e sustentar-se diante dessas rupturas, de modo que os ecossistemas, as comunidades humanas e as sociedades como um todo possam lidar. Recupera-se dos efeitos da mudança ambiental.

Isso inclui a capacidade de absorver e se adaptar a choques como eventos climáticos extremos, desastres naturais e pressões humanas para garantir a sustentabilidade em longo prazo (Norris et al., 2008).

Adaptação refere-se a alterações e ajustes feitos em resposta às mudanças nas condições ambientais, sociais e econômicas. No Antropoceno, a adaptação é necessária para enfrentar os desafios impostos pelas mudanças ambientais, como as mudanças climáticas e a perda da biodiversidade. Isso inclui o desenvolvimento de políticas e estratégias que promovam a implementação de medidas de mitigação e adaptação, sustentabilidade, diversificação econômica e conservação dos recursos naturais.

Resiliência e adaptação não se limitam aos sistemas naturais, mas também incluem dimensões socioeconômicas, culturais e políticas. A resiliência e a adaptação devem ser abordadas de forma integrada e holística, levando em conta a interconexão e a interdependência dos sistemas naturais e sociais. Isso requer colaboração e cooperação entre várias partes interessadas, incluindo acadêmicos, formuladores de políticas, comunidades locais e organizações não governamentais.

No entanto, é importante enfatizar que resiliência e adaptação não são as únicas soluções para os desafios do Antropoceno. Embora sejam importantes na gestão da mudança ambiental, eles não substituem a necessidade de abordar as causas profundas dessas mudanças, como reduzir as emissões de gases do efeito estufa, proteger os ecossistemas e promover práticas sustentáveis.

A resiliência e a adaptação devem ser vistas como parte de uma abordagem mais ampla que inclui a transformação dos sistemas produtivos e socioeconômicos para um futuro mais sustentável.

Resiliência e adaptação são conceitos-chave do Antropoceno que permitem que os sistemas socioambientais respondam e sobrevivam diante das mudanças ambientais. Esses conceitos devem ser abordados de forma integradora e holística, levando em consideração as complexas interações entre sistemas naturais e sociais.

Na época turbulenta do Antropoceno, caracterizada por rápidas mudanças ecológicas e sociais, a resiliência e a adaptação estão se revelando conceitos-chave para superar os desafios atuais e futuros. A adaptação envolve sociedades respondendo positivamente às mudanças ambientais e adaptando práticas, estratégias e governança para lidar com impactos e incertezas (Smit & Wandel, 2006).

Por tudo isso, resiliência e adaptação são abordagens que consideram a complexidade das questões do Antropoceno. As interações entre os sistemas humano e natural são complexas e requerem respostas integradas e flexíveis.

Esses conceitos são fundamentais para garantir a sustentabilidade e sobrevivência de comunidades e ecossistemas diante dos desafios impostos pelas mudanças climáticas, degradação ambiental e perda de biodiversidade. A resiliência socioambiental é um campo de pesquisa crescente dedicado à compreensão dos princípios e processos que promovem a resiliência em vários níveis.

Autores como Folke et al. (2010) e Berkes (2019) descrevem elementos-chave da resiliência, como diversidade, conectividade, adaptabilidade e governança adaptativa aplicados ao Antropoceno. Esses estudos destacam a importância da gestão adaptativa e participativa, aprendizagem coletiva e capacitação local para promover a resiliência.

A adaptação requer uma abordagem proativa e flexível para futuras incertezas e riscos. Devem ser desenvolvidas estratégias de adaptação que levem em conta as vulnerabilidades da comunidade e dos ecossistemas, de forma que levem em consideração as especificidades locais e as condições socioeconômicas.

Autores como Smit e Wandel (2006) e Moser e Ekstrom (2010) discutem os desafios e oportunidades da adaptação no contexto das mudanças climáticas, destacando a importância da governança adaptativa, integração do conhecimento e cooperação entre diversos atores. Nesse sentido, a resiliência e a adaptação ao Antropoceno requerem ações coordenadas e políticas públicas efetivas.

É essencial fortalecer a capacidade das comunidades de se adaptarem aos impactos da mudança ambiental e promover a equidade e equilíbrio na distribuição de recursos e benefícios. Além disso, a cooperação internacional e a governança multinível são fundamentais para enfrentar os desafios globais de maneira integrada e sustentável.

Como explicamos, a resiliência e a adaptação no Antropoceno também estão associadas à necessidade de repensar os sistemas de governança e ética. Os desafios desta era de rápidas mudanças exigem reflexão sobre os valores e princípios que norteiam nossas ações.

Precisamos repensar as estruturas de poder, modelos econômicos e práticas culturais que contribuíram para a atual crise ambiental.

Autores como Dryzek (2013) e Biermann e Pattberg (2008) argumentam que a governança do Antropoceno deve ter uma abordagem holística e participativa envolvendo uma ampla gama de atores, desde governos e organizações internacionais até a sociedade civil e comunidades locais. Esta abordagem integrada visa fomentar a cooperação, a transparência e a responsabilidade mútua na tomada de decisões ambientais.

Neste contexto, a ética desempenha um papel importante na busca de soluções sustentáveis no Antropoceno. Precisamos repensar nossa relação com a natureza e reconhecer a interdependência entre as pessoas e os ecossistemas.

Autores como Leopold (1949) e Naess (1973) defendem a importância de uma ética ambiental que enfatize a conservação da biodiversidade, a justiça intergeracional e a harmonia entre as espécies. O movimento de sustentabilidade tem desempenhado um papel importante na conscientização e mobilização social no Antropoceno.

Iniciativas como *Fridays for Future*, *Extinction Rebellion* e *Global Climate March* colocaram a urgência das questões ambientais no centro do debate público. Esses movimentos estão pressionando governos e instituições a tomar medidas mais eficazes para enfrentar a crise ambiental e facilitar a transição para uma sociedade sustentável.

No entanto, os desafios da ética e da governança no Antropoceno são complexos e multifacetados. Interesses conflitantes, barreiras culturais e inércia institucional devem ser superados para conduzir mudanças significativas.

A conscientização ambiental coletiva, aliada à mobilização social e à pressão política, é fundamental para fomentar ações transformadoras e garantir um futuro mais sustentável para as atuais e futuras gerações. Por isso, a resiliência e adaptação ao Antropoceno requerem uma abordagem integradora envolvendo aspectos sociais, econômicos e ambientais.

Na governança, resiliência e adaptação requerem abordagens colaborativas e flexíveis que envolvem o envolvimento de diferentes atores e a coordenação de diferentes níveis de governança do local ao global. A cooperação internacional é essencial para enfrentar os desafios globais, como a mudança climática, e para garantir que as medidas de adaptação sejam eficazes e equitativas.

Desta forma, ferramentas de governança como acordos internacionais e mecanismos de financiamento desempenham um papel importantíssimo na promoção da resiliência e adaptação (Meadowcroft, 2017).

As comunidades locais também desempenham um papel importante na construção da resiliência e adaptação ao Antropoceno. Por meio de práticas sustentáveis de gestão de recursos naturais, diversificação econômica, cooperativismo e maior adaptação a eventos extremos, as comunidades podem se tornar mais resilientes e menos vulneráveis às mudanças ambientais.

Para tanto, a participação ativa das comunidades locais nas decisões ambientais é crucial para garantir que as estratégias de adaptação sejam adequadas e atendam às necessidades locais.

É sempre necessário enfatizar que no campo da ética o desafio do Antropoceno é muito complexo. Precisamos repensar nossa relação com o meio ambiente e adotar uma perspectiva mais holística que reconheça a interdependência entre os sistemas humanos e naturais. Isso significa questionar os valores e práticas que contribuíram para a atual crise ambiental e lutar por uma ética ambiental que promova a sustentabilidade, a justiça social e a justiça intergeracional.

Movimentos de sustentabilidade como o ambientalismo, de justiça climática e transição energética têm desempenhado um papel importante na conscientização e mobilização social no Antropoceno. Esses movimentos levantaram questões fundamentais sobre o impacto da atividade humana no meio ambiente e provocaram mudanças políticas e econômicas que promovem a sustentabilidade.

Por meio da educação ambiental, como o Programa Escola Verde (escolaverde.org), é possível a mobilização de escolas, comunidades, empresas, ONGs, para o engajamento comunitário e defesa socioambiental, buscando transformar a consciência e as práticas individuais e coletivas em direção a um futuro mais resiliente e adaptativo (Motta & Cunha, 2021).

Os desafios de ética e governança no Antropoceno são críticos para garantir resiliência e adaptação diante das mudanças ambientais. Enfrentar esses desafios de forma eficaz requer repensar os sistemas de governança, promover a ética ambiental e fortalecer o movimento de sustentabilidade. Desta forma, alcançamos a convivência sustentável com o meio ambiente no Antropoceno.

Essa transformação requer uma mudança de paradigma que incorpore a resiliência e a adaptação em todos os aspectos da sociedade, desde as políticas públicas até as práticas individuais.

Um aspecto fundamental da busca pela resiliência e adaptação é o investimento em pesquisa e inovação. A ciência e a tecnologia desempenham um papel fundamental na identificação de soluções inovadoras para enfrentar os desafios do Antropoceno.

Por exemplo, avanços em áreas como energia renovável, agricultura sustentável, gestão de recursos hídricos, educação ambiental e monitoramento ambiental podem contribuir significativamente para a resiliência e adaptação.

Além disso, a cooperação internacional e o compartilhamento de conhecimento são essenciais para promover a resiliência global.

Compartilhar informações, melhores práticas e lições aprendidas entre países e regiões pode acelerar a adaptabilidade e criar resiliência em todo o mundo.

Organizações internacionais como a Organização das Nações Unidas (ONU) desempenham um papel importante na facilitação dessa cooperação e no estabelecimento de metas e diretrizes comuns. No entanto, esta situação também levanta desafios éticos e de governança.

Mecanismos eficazes de governança global que garantam justiça, transparência e participação de todas as partes interessadas devem ser estabelecidos. A partilha equitativa dos encargos e benefícios da resiliência e adaptação é fundamental para evitar desigualdades e exacerbar as desigualdades existentes.

Neste processo, a responsabilidade individual e coletiva desempenha um papel importante na promoção da resiliência e da adaptação. Consumir, produzir e usar recursos naturais requer uma abordagem consciente e responsável. Ações como a redução do desperdício, a adoção de estilos de vida sustentáveis e a promoção da educação ambiental são fundamentais para promover a mudança comportamental rumo à resiliência e à adaptação.

Os desafios da ética e da governança no Antropoceno são complexos e requerem uma abordagem multifacetada. Resiliência e adaptação são essenciais para responder às mudanças ambientais e garantir um futuro sustentável. Por meio de pesquisa científica, cooperação internacional, conscientização ambiental e engajamento social, podemos enfrentar esses desafios com eficácia.

Todavia, a transição para a resiliência e adaptação requer um esforço coletivo, e os valores éticos e os sistemas de governança desempenham um papel fundamental na busca pela convivência harmoniosa com o meio ambiente no Antropoceno.

Cooperação internacional

A consciência do Antropoceno está focada na comunidade científica internacional, ao passo em que a Organização das Nações Unidas (ONU) está trabalhando ativamente junto às comunidades políticas e as sociedades em questões de mudança climática, sustentabilidade ambiental e desenvolvimento sustentável em diversos países em todo mundo.

Por meio da Convenção-Quadro das Nações Unidas sobre Mudanças Climáticas (UNFCCC) e do Acordo de Paris, as Nações Unidas promoveram ações para combater as mudanças climáticas e alcançar os Objetivos de Desenvolvimento Sustentável (ODS).

As Nações Unidas também lançaram a Agenda 2030 para o Desenvolvimento Sustentável, um plano abrangente destinado a enfrentar os desafios sociais, econômicos e ambientais que o mundo enfrenta. A Agenda 2030 inclui 17 Objetivos de Desenvolvimento Sustentável que enfatizam a necessidade de proteger o planeta e seus ecossistemas e promover justiça social, direitos civis e padrões sustentáveis de consumo e produção.

Embora as Nações Unidas não tenham uma posição específica sobre o Antropoceno, seu trabalho e compromisso com a sustentabilidade e as mudanças climáticas estão focados no impacto humano no planeta e na garantia de um futuro sustentável para as próximas gerações.

A sustentabilidade ambiental é uma preocupação premente no Antropoceno, e alcançar os Objetivos de Desenvolvimento Sustentável é considerado a chave para enfrentar esses desafios. Os ODS abrangem uma ampla gama de metas, algumass das quais estão diretamente relacionadas à sustentabilidade ambiental e à minimização dos impactos do Antropoceno (PNUD, 2015).

Uma dessas metas é o ODS 6, que se concentra em promover o fornecimento a água limpa e saneamento para todos. O acesso a fontes de água limpa e saneamento adequado é fundamental para o bem-estar humano e a sustentabilidade ambiental. O acesso universal a fontes de água potável e sistemas de saneamento adequados pode reduzir a poluição da água, proteger os ecossistemas e promover práticas sustentáveis de gestão da água.

O ODS 11 sobre Cidades e Comunidades Sustentáveis é outro objetivo fundamental que aborda os desafios da urbanização e seu impacto no meio ambiente. Este objetivo destaca a necessidade de cidades inclusivas, seguras, resilientes e sustentáveis. É possível reduzir o impacto ambiental da rápida urbanização e tornar as cidades mais habitáveis e sustentáveis, promovendo o planejamento urbano sustentável, melhorando o acesso a moradias populares e investindo em infraestrutura verde.

Há também o ODS 12, que tem como foco o consumo e a produção responsáveis. Este objetivo visa promover padrões sustentáveis de consumo, reduzir a geração de resíduos e praticar uma gestão ambientalmente correta de resíduos.

Ao adotar métodos de produção sustentáveis, promover a reciclagem e a eficiência de recursos e aumentar a conscientização sobre o consumo responsável, podemos minimizar a pegada ecológica da atividade humana e promover uma sociedade mais sustentável.

O ODS 7 defende a busca por energia limpa e acessível. Este objetivo visa garantir o acesso universal a fontes de energia limpas, acessíveis e sustentáveis. Promover o uso de energia renovável, aumentar a eficiência energética e expandir o acesso à energia em áreas rurais e remotas pode reduzir nossa dependência de combustíveis fósseis e mitigar os impactos das mudanças climáticas.

O ODS 9 propõe princípios sustentáveis para indústria, inovação e infraestrutura. Este objetivo visa construir infraestrutura resiliente, promover a industrialização sustentável e fomentar a inovação. Ao investir em infraestrutura sustentável, incentivando a adoção de tecnologias limpas e incentivando a pesquisa e o desenvolvimento de soluções sustentáveis, podemos impulsionar o crescimento econômico de forma sustentável e reduzir os impactos ambientais negativos.

O ODS 13 refere-se à ação sobre as mudanças climáticas globais. Este objetivo destaca a urgência de enfrentar as mudanças climáticas e seus impactos.

O objetivo é construir resiliência às mudanças climáticas, promover educação e conscientização sobre a importância da ação climática e mobilizar recursos financeiros para apoiar os esforços de mitigação e adaptação.

Com o lema "Vida da Água", o ODS 14 foca na conservação e uso sustentável dos oceanos, rio, lagos e recursos relacionados à água. Seu objetivo é proteger a vida marinha, reduzir a poluição das água, controlar a sobrepesca e proteger os ecossistemas costeiros. Proteger e conservar os oceanos pode garantir a sustentabilidade dos recursos marinhos e mitigar os impactos negativos do Antropoceno nos ecossistemas aquáticos.

O ODS 15 visa proteger e restaurar os ecossistemas terrestres e promover seu uso sustentável: A vida na Terra inclui a conservação da biodiversidade, o combate à desertificação e o manejo sustentável das florestas, incluindo o combate à perda de habitat.

Adotando práticas sustentáveis de manejo do solo, promovendo a conservação da biodiversidade terrestre e combatendo a degradação do solo, podemos proteger os ecossistemas terrestres e minimizar os impactos negativos do aumento do Antropoceno.

"Fome Zero e Agricultura Sustentável" é o objetivo do ODS 2. Este objetivo visa garantir a segurança alimentar, melhorar a nutrição e promover a agricultura sustentável.

Reduzir o impacto ambiental da agricultura e produzir alimentos mais sustentáveis adotando técnicas agrícolas sustentáveis, promovendo a diversificação de culturas, investindo em infraestrutura agrícola e fortalecendo a resiliência dos sistemas de produção de alimentos.

Por sua vez, o ODS 3 propõe saúde e bem-estar como um direito universal. Embora o objetivo se concentre amplamente na saúde humana, está inerentemente relacionado à sustentabilidade ambiental.

O acesso a um ambiente saudável e limpo é essencial para promover a saúde e o bem-estar das pessoas.

Ao reduzir a poluição do ar, melhorar o acesso à água potável, promover uma gestão adequada de resíduos e proteger os ecossistemas naturais, criamos as condições para uma vida saudável em harmonia com o meio ambiente.

O ODS 17 descreve os meios para alcançar a defesa e a sustentabilidade de parcerias. Este objetivo não está diretamente relacionado à sustentabilidade ambiental, mas é importante para alcançar todos os outros objetivos. Cooperação internacional, mobilização de recursos, intercâmbio de tecnologia e capacitação são aspectos essenciais para enfrentar de forma eficaz e sustentável os desafios do Antropoceno.

Vincular esses objetivos a outros é fundamental para enfrentar os complexos desafios do Antropoceno.

Por exemplo, atingir o ODS 14 (vida aquática) e o ODS 15 (vida terrestre) é essencial para a conservação da biodiversidade e proteção dos ecossistemas marinhos e terrestres devido às suas interações.

Esses objetivos enfatizam a necessidade de gestão sustentável e conservação dos oceanos, florestas e outros habitats críticos. Em resumo, os Objetivos de Desenvolvimento Sustentável abordam a sustentabilidade ambiental, abordando vários objetivos inter-relacionados, como água limpa e saneamento, cidades e comunidades sustentáveis, consumo e produção responsáveis e conservação da biodiversidade.

Eles fornecem uma estrutura abrangente para promover o potencial e minimizar os efeitos da Antropoceno, para que possamos trabalhar para um futuro mais sustentável e resiliente.

Outra ferramenta importante para promover a sustentabilidade no Antropoceno é a Convenção-Quadro das Nações Unidas sobre Mudança do Clima (UNFCCC) e o Acordo de Paris, que enfatizam a importância da ação global para lidar com a mudança do clima.

A UNFCCC é um tratado internacional assinado em 1992 para combater as mudanças climáticas e seus impactos. Foi adotada durante a Cúpula da Terra no Rio de Janeiro, também conhecida como Conferência das Nações Unidas sobre Meio Ambiente e Desenvolvimento, ou Eco-92 (UNFCCC, 2021).

A UNFCCC é um importante instrumento legal em nível internacional para a cooperação global em mudanças climáticas. Seu principal objetivo é "estabilizar as concentrações atmosféricas de gases de efeito estufa em níveis que evitem uma interferência antropogênica perigosa no sistema climático".

A Convenção fornece uma estrutura para os esforços internacionais de combate às mudanças climáticas, reconhecendo que as mudanças climáticas têm implicações globais e requerem ação conjunta de todos os países.

Promover a cooperação internacional, intercâmbio de informações científicas e tecnológicas, transferência de tecnologia e capacitação.

A UNFCCC realiza uma reunião anual, denominada Conferência das Partes (COP), onde representantes dos Estados Membros se reúnem para revisar e discutir o progresso das ações relacionadas às mudanças climáticas.

A COP mais famosa é a COP21, que aconteceu em Paris em 2015 e adotou o Acordo de Paris, um marco histórico na luta contra as mudanças climáticas.

O Acordo de Paris, sob os auspícios da UNFCCC, estabelece metas ambiciosas para limitar o aumento da temperatura global e construir resiliência internacional aos impactos das mudanças climáticas.

O objetivo é manter o aquecimento global abaixo de 2°C acima dos níveis pré-industriais, enquanto se esforça para limitar o aumento da temperatura a 1,5°C.

A UNFCCC desempenha um papel fundamental no avanço da ação global sobre as mudanças climáticas, fornecendo uma estrutura para cooperação internacional, compartilhamento de informações e ação para combater as mudanças climáticas. Também é responsável por fomentar o diálogo entre as nações, promover a equidade e a justiça climática e mobilizar recursos para apoiar os esforços de mitigação e adaptação nos países em desenvolvimento.

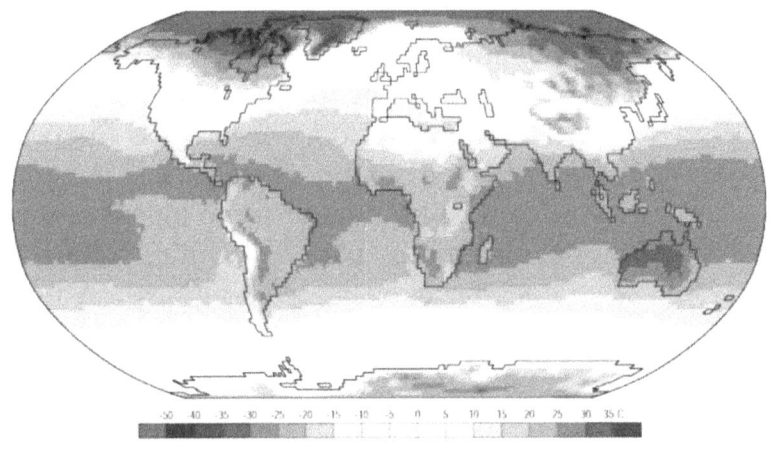

De acordo com a Convenção-Quadro das Nações Unidas sobre Mudança do Clima (UNFCCC):

> "Reconhecendo que a mudança climática e seus efeitos adversos são de interesse comum para a humanidade, os Estados Partes, de acordo com suas respectivas capacidades e suas respectivas responsabilidades, devem promover o desenvolvimento e a aplicação do princípio das responsabilidades comuns, mas diferenciadas" (Artigo 3, parágrafo 1).

> "O objetivo final desta Convenção e quaisquer instrumentos jurídicos adicionais que a Conferência das Partes venha a adotar é estabilizar as concentrações atmosféricas de gases de efeito estufa em níveis que evitem perturbações perigosas no sistema climático." (Artigo 2).

> "As Partes protegerão o sistema climático para as gerações presentes e futuras, com base na justiça e no bem comum de todos os povos. Cooperarão de maneira a facilitar o desenvolvimento e a aplicação de tecnologias, práticas e processos para controlar, reduzir ou evitar as emissões de gases" (Artigo 3.º, n.º 3).

Por sua vez, o Acordo de Paris estabelece que:

> "Reconhecemos que a mudança climática representa uma ameaça urgente e potencialmente irreversível para as sociedades humanas e para o planeta e, portanto, requer a máxima cooperação de todos os países" (Preâmbulo).

> "Reconhecemos a necessidade de uma resposta global efetiva e progressiva às mudanças climáticas, incluindo a cooperação apropriada nos níveis internacional e nacional" (Preâmbulo).

> "Tomar medidas para fortalecer a capacidade dos países em desenvolvimento para lidar com a mudança climática, de acordo com seus compromissos comuns, mas diferentes, capacidades e circunstâncias nacionais" (Artigo 4.1).
>
> "Reconhecendo que isso reduzirá significativamente os riscos e impactos das mudanças climáticas, manteremos o aumento médio da temperatura global abaixo de 2°C acima dos níveis pré-industriais e limitaremos o aumento da temperatura a 1,5°C acima dos níveis pré-industriais. para mantê-lo baixo" (Artigo 2).

Esses trechos demonstram que as partes da UNFCCC e do Acordo de Paris trabalharão juntas, em pé de igualdade, para enfrentar a mudança climática global, com base em sua responsabilidade comum, mas distinta, de proteger o sistema climático para as gerações presentes e futuras.

O objetivo é evitar intervenções perigosas no sistema climático e tomar medidas para melhorar o desempenho dos países em desenvolvimento.

Não há outro caminho possível para a superação dos problemas socioambientais no Antropoceno que não passe pela cooperação internacional. A reunião de todos em prol de melhorias das condições sociais das populações mundiais em direção à sustentabilidade ambiental.

Sexta extinção em massa?

Uma teoria da sexta extinção em massa é baseada na idéia de que a Terra está passando por uma extinção em massa comparável às cinco extinções em massa anteriores na história geológica.

Uma diferença fundamental, no entanto, é que o sexto evento de extinção em massa é impulsionado principalmente pela atividade humana ao longo do Antropoceno (Ceballos et al., 2015).

O século XX viu um aumento alarmante nas taxas de extinção de espécies em comparação com períodos anteriores. A perda de biodiversidade ocorre em diferentes níveis, desde extinções locais até extinções completas de espécies inteiras.

Acredita-se que esse aumento da taxa de extinção de espécies se deva a uma combinação de vários fatores, incluindo destruição de habitat, poluição, mudança climática e introdução de espécies invasoras (Barnosky et al., 2011).

A destruição do habitat é uma das principais causas da perda de biodiversidade. A expansão agrícola, a urbanização descontrolada e o esgotamento dos recursos naturais levaram à destruição de florestas, pântanos, recifes de corais e outros ecossistemas vitais para a sobrevivência de muitas espécies.

A poluição da terra e da água também contribui para a perda de biodiversidade. A poluição do ar resultante da queima de combustíveis fósseis e das emissões de gases de efeito estufa provoca mudanças climáticas com impactos diretos sobre as espécies e seus habitats.

A poluição da água, como a causada por produtos químicos industriais e emissões de resíduos agrícolas, afeta negativamente os ecossistemas aquáticos e costeiros.

Além disso, as mudanças climáticas desempenham um papel importante na perda de biodiversidade. O aumento das temperaturas, mudanças nos padrões de precipitação e outros eventos climáticos extremos afetam negativamente a distribuição geográfica e as interações entre as espécies, levando a declínios populacionais e até extinções.

A introdução de espécies não nativas também representa uma grande ameaça à biodiversidade e, quando introduzidas em novos ambientes, competem com as espécies nativas por recursos e habitats, esgotando-os e desestruturando os ecossistemas, podendo ter efeitos adversos.

Estes são apenas alguns exemplos dos efeitos da chamada sexta extinção em massa com indicadores de grande perda de biodiversidade a partir do século XX. Esses fenômenos representam um desafio urgente para a conservação da biodiversidade, e esforços significativos são necessários para mitigar seus impactos e manter a diversidade da vida na Terra. Os indícios desta sexta extinção em massa apontados por boa parte da comunidade científica são os seguintes:

- Taxas de extinção aceleradas: devido à influência humana, as taxas de extinção atuais são muito maiores do que na natureza. Estima-se que as taxas de extinção de espécies sejam até 1.000 vezes maiores do que antes da atividade humana em larga escala (Dirzo et al., 2014). Pesquisa realizada pelo IBGE em 2022 aponta dados alarmantes, com 42,7% das espécies da flora e 9% da fauna ameaçadas de extinção; de um total médio de apenas 13% de espécies estudadas.

- Redução do número de espécies: A perda da biodiversidade leva a uma redução do número total de espécies encontradas na Terra. Isso pode afetar negativamente a estabilidade e a resiliência dos ecossistemas, comprometendo seu bom funcionamento (IPBES, 2019).
- Fragmentação e perda de habitat: A destruição e a fragmentação de habitats naturais são fatores importantes para a perda de biodiversidade. A urbanização, a expansão agrícola, a mineração e outras atividades humanas levaram a uma extensa perda de habitat, dificultando a sobrevivência e a reprodução dessas espécies ambientalmente dependentes (Pimm et al, 2014).
- Mudanças climáticas: As mudanças climáticas representam ameaças significativas à biodiversidade, afetando os padrões climáticos, as condições de vida e a disponibilidade de recursos para as espécies. Essas mudanças podem levar ao declínio populacional e à extinção de espécies que se adaptaram a determinadas condições. Introdução de espécies exóticas: A introdução de espécies exóticas em ecossistemas pode ter efeitos devastadores na biodiversidade local. Espécies invasoras podem competir por recursos, predar espécies nativas e alterar ecossistemas de forma a prejudicar espécies nativas.
- Produção e descarte de lixo: Ao longo do século XX e no início deste século, o problema do lixo tornou-se uma preocupação crescente à medida que o crescimento populacional, o desenvolvimento industrial e o consumo aumentaram a produção de

resíduos. O acúmulo desordenado de lixo nas áreas urbanas e rurais tem um impacto significativo no meio ambiente. O maior desafio de resíduos do século XXI é a falta de infraestrutura adequada para o gerenciamento e descarte adequados de resíduos. Muitas cidades e regiões carecem de sistemas eficientes de coleta, tratamento e disposição final de resíduos, resultando em disposição inadequada em aterros sanitários, corpos d'água e áreas naturais. Isso resultou na contaminação do solo, contaminação das águas subterrâneas, disseminação de doenças e efeitos adversos na flora e na fauna (Hoornweg, Bhada-Tata & Kennedy, 2013).

Durante todo século XX e ainda no século XXI vimos um aumento no uso de materiais descartáveis, como plásticos, que são conhecidos por não serem fáceis de degradar e têm tempos de degradação muito longos. Isso resultou em acúmulos maciços de lixo plástico marinho, conhecido como poluição plástica, representando uma séria ameaça à vida marinha e aos ecossistemas costeiros (Geyer, Jambeck & Law, 2017).

As grandes concentrações de lixo nos oceanos e mares têm causado inúmeros prejuízos para a fauna e flora em geral, tendo em vista a interdependência dos fatores bióticos terrestres e aquáticos.

A Ilha de Lixo do Pacífico, também conhecida como Mancha de Lixo do Pacífico ou Circulação de Plástico do Pacífico, é um dos exemplos mais chocantes, tristes e proeminentes de poluição plástica no Antropoceno.

Essa área de acúmulo de resíduos plásticos se estende por milhares de quilômetros quadrados e consiste principalmente de pequenos detritos plásticos que se acumulam devido às correntes oceânicas (Eriksen et al, 2014).

Medir e monitorar a Ilha do Lixo no Pacífico requer o uso de várias tecnologias, incluindo satélites, drones, expedições de pesquisa e amostragem de águas superficiais. Essas medições são necessárias para determinar a extensão da área afetada, estimar a quantidade de plástico presente e entender o impacto ambiental dessa poluição.

Os detritos plásticos das Ilhas do Lixo do Pacífico representam uma ameaça significativa à saúde da vida marinha e dos ecossistemas marinhos, com animais marinhos como pássaros, tartarugas e peixes confundindo plástico com comida e ingerindo-o, resultando em problemas de saúde e podem resultar em morte.

Além disso, os plásticos se degradam em microplásticos, que são prontamente consumidos por organismos marinhos em todos os níveis tróficos, impactando a cadeia alimentar (Lebreton et al, 2018).

As ilhas de lixo no Oceano Pacífico são evidências claras do impacto negativo da atividade humana no meio ambiente. A produção em massa e o uso generalizado de plásticos descartáveis contribuem para esse aumento da poluição. Por isso, é importante tomar medidas para reduzir a produção de plástico, promover a reciclagem e implementar políticas de gestão de resíduos mais eficazes.

Abordar o Problema do Lixo do Pacífico e outros problemas de poluição plástica do Antropoceno exigirá uma ação coordenada de governos, indústria, organizações não governamentais e sociedade civil.

A conscientização pública, a educação ambiental e a mudança de comportamento são fundamentais para enfrentar esse problema global e proteger os ecossistemas marinhos (Rochman et al., 2015).

As chamadas "ilhas de lixo" são áreas onde a concentração de lixo e resíduos plásticos é particularmente alta devido à influência das correntes marítimas e do vento. Essas áreas geralmente consistem em pequenos pedaços de plástico que se acumulam com o tempo. É importante notar que as ilhas de lixo não são ilhas sólidas de plástico, como o termo sugere, mas áreas de maior densidade de plástico em comparação com outras regiões do oceano.

As duas ilhas de lixo mais conhecidas são a *Pacific Garbage Patch* e a *Atlantic Garbage Island*.

O *Pacific Garbage Patch*, localizado no Oceano Pacífico entre a Califórnia e o Havaí, é o mais extenso e bem estudado. Sua área é estimada em três vezes o tamanho da França. No entanto, é importante observar que as ilhas de lixo do Pacífico consistem em partículas flutuantes de plástico, que nem sempre são visíveis a olho nu.

As ilhas de lixo no Atlântico são menos conhecidas e exploradas do que suas contrapartes no Pacífico. Mas há indícios de que também existam áreas de concentração de plástico no Oceano Atlântico, particularmente na região da Espiral do Atlântico Norte. No entanto, as dimensões exatas e a extensão dessas regiões ainda são pouco compreendidas e mais estudos são necessários para estimar sua extensão (Law et al, 2014).

É importante observar que as ilhas de lixo são apenas uma parte visível da poluição plástica no oceano.

A maioria dos resíduos plásticos se decompõe em minúsculas partículas conhecidas como microplásticos, que são mais difíceis de detectar e quantificar.

A presença desses detritos plásticos pode afetar adversamente a vida marinha, causando problemas ambientais e econômicos, além de afetar animais que ingerem ou ficam presos em detritos plásticos. Podendo inclusive estarem presentes em sua composição fisiológica, comprometendo a saúde desses animais e das pessoas que os consome.

A coleta precisa de dados numéricos em ilhas de detritos marinhos é complicada pelo fato de que essas regiões estão em constante movimento, podendo alterar a composição e a concentração de detritos plásticos. No entanto, existem algumas estimativas e informações sobre o tamanho e extensão dessas áreas.

É importante observar que essas estimativas podem ser aproximadas e podem ser atualizadas à medida que novas pesquisas são realizadas.

Os dados numéricos sobre as ilhas de detritos marinhos são os seguintes:

- Mancha de lixo do Pacífico (*Pacific Garbage Patch*): estimada em mais de 1,6 milhão de quilômetros quadrados, três vezes o tamanho da França (Lebreton et al., 2018).
- Mancha de lixo do Atlântico (*Atlantic Garbage Patch*): As dimensões exatas e a extensão desta região estão ainda em medição. Todavia, estima-se que fica em torno de 1,5 milhão de quilômetros quadrado.

É importante frisar novamente que a maior parte dos resíduos plásticos encontrados na Ilha do Lixo são microplásticos, ou seja, partículas de plástico menores que 5 mm. Estimativas colocam mais de 5 trilhões de pedaços de plástico no oceano, com um peso total de mais de 250.000 toneladas. Porém estes números devem ser bem superiores, dada a continuidade do lançamento desses materiais nos oceanos (Eriksen et al., 2014).

Pesquisas sugerem que aproximadamente 80% da poluição plástica marinha têm origem em fontes terrestres, incluindo a atividade humana em terra, rios e estuários (Jambeck et al., 2015).

É importante notar que esses dados numéricos são constantemente revisados e atualizados à medida que novos estudos são realizados para avaliar o impacto da poluição plástica nos oceanos.

A formação de ilhas de lixo é causada por uma combinação de fatores como a ação das correntes marítimas, o acúmulo de resíduos pelas atividades humanas e a lenta decomposição de materiais plásticos.

Estima-se que a maior parte do lixo seja composta por plásticos de vários tamanhos, desde pequenos pedaços até itens grandes como garrafas descartadas e redes de pesca.

Medir e monitorar as ilhas de lixo do Atlântico é um desafio complexo, pois são vastas e dispersas áreas de lixo espalhadas pela superfície do oceano. Técnicas como amostragem de arrasto e imagens de satélite são usadas para estimar a quantidade de detritos presentes na ilha.

Essas abordagens permitem estimativas aproximadas do tamanho e extensão da ilha e a distribuição do lixo ao longo do tempo (Eriksen et al., 2014).

Os resíduos de plástico não apenas representam uma ameaça à vida marinha, mas também porque se decompõem em microplásticos e podem ser ingeridos pela vida marinha e entrar na cadeia alimentar. Isso pode afetar negativamente a saúde dos animais marinhos e, em alguns casos, a ingestão humana de frutos do mar (Andrady, 2017).

As ilhas de lixo são exemplos alarmantes de poluição por descarte inadequado de resíduos plásticos e demonstra a necessidade urgente de reduzir o consumo de plástico, promover a reciclagem e implementar medidas adequadas de gerenciamento de descarte de resíduos. Enfatizando a necessidade de ações coordenadas e imediatas.

Adicionalmente, é importante sensibilizar para a importância da adoção de práticas sustentáveis para proteger os ecossistemas marinhos e minimizar a poluição marinha. Além das Ilhas de Lixo do Atlântico e as Ilhas de Lixo do Pacífico, existem também ilhas de lixo em vários outros mares e oceanos, como as Ilhas de Lixo do Oceano Índico.

Essas ilhas de lixo são evidências visíveis dos efeitos negativos do consumo excessivo de plástico e da gestão inadequada de resíduos (Van Sebille et al., 2015).

Técnicas de monitoramento, como fotografia aérea e amostragem de águas superficiais, são usadas para determinar a presença, sua composição e o tamanho desses bolsões de detritos. A partir dessas medições é possível estimar a quantidade e toxidade do lixo presente na área afetada.

O impacto ambiental do acúmulo de resíduos plásticos é múltiplo. Além dos impactos diretos na vida marinha, podem levar séculos para que os plásticos se degradem no meio ambiente, além de liberarem substâncias tóxicas nesse meio tempo.

Além disso, os resíduos de plástico podem danificar os ecossistemas costeiros, afetar a qualidade da água e impactar negativamente os negócios e o turismo. O problema das ilhas atlânticas de lixo e outras áreas de acumulação de resíduos plásticos, requer uma abordagem integrada que inclua medidas como a redução do consumo de plástico, reciclagem, educação ambiental e desenvolvimento de políticas eficientes de gestão de resíduos. É também importante promover a economia circular que visa reduzir o desperdício e promover a reutilização de materiais, reduzindo assim a quantidade de resíduos despejados no oceano.

Felizmente, à medida que o século XXI avançava, a conscientização sobre o impacto do lixo e a necessidade de medidas de manejo mais sustentáveisaumentou. Regulamentações mais rígidas, sistemas de coleta seletiva, reciclagem e incineração controlada estão sendo desenvolvidos. Além disso, movimentos e campanhas globais estão surgindo para reduzir o consumo excessivo, promover a reutilização de materiais e introduzir hábitos de consumo conscientes (Steffen et al, 2015).

Apesar desses esforços, o problema dos resíduos continua sendo um grande desafio no século XXI. A rápida urbanização, o crescimento populacional e a falta de conscientização em algumas áreas continuam a contribuir para o acúmulo de lixo e a degradação ambiental.

O investimento contínuo em infraestrutura de gerenciamento de resíduos, educação ambiental e inovação é fundamental para abordar esse problema de forma eficaz e sustentável (Banco Mundial, 2018).

A problemática do lixo no Antropoceno é um chamado urgente para repensarmos nossos hábitos de consumo e adotarmos práticas mais sustentáveis.

Somente esforços conjuntos de governos, indústria, comunidades e indivíduos podem mudar essa situação e garantir a preservação dos ecossistemas marinhos e a saúde do planeta, minimizando seus impactos sobre as espécies animais e de plantas. Invertendo o processo que muito estão chamando de sexta extinção em massa (Rochman et al, 2015).

Alternativas ao Antropoceno

Uma das alternativas consideradas por alguns cientistas como a mais eficiente para a inversão dos impactos negativos do Antropoceno é a chamada "economia circular".

Um conceito que propõe uma abordagem alternativa aos modelos econômicos tradicionais baseados na produção, consumo e descarte linear de materiais. Em contraste a esse modelo tradicional degradante, a economia circular propõe criar sistemas de reciclagem que usem recursos de forma mais eficientes, minimizem a geração de resíduos e maximizem o valor de produtos e materiais ao longo de seu ciclo de vida (Geissdoerfer et al, 2017).

Neste modelo, os produtos são projetados para serem duráveis, reparáveis e recicláveis. Ao final de sua vida útil, o material é recuperado e reintroduzido na cadeia produtiva, evitando a extração de novas matérias-primas. Isso inclui práticas como reutilização, reciclagem, remanufatura e compostagem.

A economia circular facilita a mudança de um modelo "pegar, fazer, usar e descartar" para um modelo "reduzir, reutilizar, reciclar e restaurar". Além dos benefícios ambientais, como a redução da pressão sobre os recursos naturais e a minimização dos impactos negativos sobre o meio ambiente, a economia circular oferece benefícios como a criação de empregos verdes, fomento à inovação e desenvolvimento de novos modelos de negócios sustentáveis, além de oportunidades econômicas ecologicamente comprometidas (Kirchherr, Reike, Heckert, 2017).

No contexto acadêmico, a economia circular é um campo de estudo interdisciplinar que inclui disciplinas como economia, ciências sociais, ciências ambientais, engenharia, *design* e gestão. A investigação nesta área visa desenvolver novas metodologias, modelos e estratégias para a implementação de uma economia circular em vários setores econômicos e contribuir para a transição para modelos mais sustentáveis e resilientes (Stahel, 2016).

Os princípios da economia circular refletem-se em ações concretas como a reestruturação dos sistemas de produção, distribuição e consumo e a promoção da inovação tecnológica.

Apresentamos a seguir, as principais características da economia circular:

- Design para circularidade: o design de produtos e processos é fundamental para garantir a viabilidade circular. Aspectos como durabilidade, facilidade de reparo, reciclabilidade de materiais e uso de recursos renováveis devem ser considerados ao projetar para a circularidade. A aplicação de técnicas como análise do ciclo de vida e ecodesign tem sido amplamente pesquisada para promover produtos mais sustentáveis.
- Modelos de negócios circulares: uma economia circular requer a introdução de novos modelos de negócios que enfatizem o uso eficiente de recursos e promovam a cooperação entre vários atores. Exemplos de modelos de negócios circulares incluem aluguel, compartilhamento, reforma e venda de produtos como serviço. Esses modelos visam prolongar a vida útil do produto, reduzir a extração de novas matérias-primas e minimizar o desperdício (Ghisellini, Cialani & Ulgiati, 2016).
- Gestão eficiente de resíduos: A gestão de resíduos desempenha um papel importante na economia circular. Além da reciclagem tradicional, a economia circular visa estratégias avançadas de gestão de resíduos, como recuperação de energia, compostagem e reciclagem de nutrientes. O uso de tecnologia e infraestrutura adequada são fundamentais para maximizar o valor dos resíduos e evitar o descarte incorreto.

- Digitalização e rastreabilidade: A digitalização atualmente está desempenhando um papel cada vez mais importante na economia circular. Tecnologias como Internet das Coisas (IoT) e *blockchain* permitem rastreabilidade e gerenciamento eficiente de produtos ao longo de seu ciclo de vida. Isso permite a identificação, situação e localização precisa do material, facilitando a recuperação e reintegração do material na cadeia produtiva (Piscicelli, Cooper & Fisher, 2015).
- Conservação de recursos naturais: ao reduzir nossa dependência da extração de recursos naturais, a economia circular ajuda a proteger os ecossistemas e a conservar recursos escassos, como minerais e combustíveis fósseis. Isso reduz a poluição ambiental e protege a biodiversidade.
- Redução do desperdício: A mudança para uma economia circular visa minimizar o desperdício de materiais, energia e recursos financeiros. Isso leva a um uso mais eficiente dos recursos, menores custos de produção e menos geração de resíduos. Além disso, a reutilização e a reciclagem de materiais podem ajudar a reduzir a quantidade de resíduos enviados para aterros sanitários (Ghisellini, Cialani & Ulgiati, 2016).
- Impulsionar a inovação e a criação de empregos: a economia circular impulsiona a inovação e o desenvolvimento de novos modelos de negócios. A necessidade de repensar os processos produtivos e criar soluções mais sustentáveis

abre espaço para o surgimento de empresas inovadoras e a geração de empregos relacionados à economia verde. Essa transição também requer o desenvolvimento de novas habilidades e o fortalecimento da força de trabalho.

- Resiliência econômica: uma economia circular aumenta a resiliência econômica ao reduzir a dependência de recursos importados e a exposição à volatilidade de preços nos mercados globais. Ao usar recursos locais com eficiência e construir cadeias de suprimentos mais curtas, as empresas ficam menos suscetíveis a interrupções no fornecimento.

Embora a economia circular apresente algumas vantagens, sua implementação enfrenta grandes desafios que precisam ser enfrentados. Alguns dos maiores desafios incluem:

- Barreiras Estruturais: A transição para uma economia circular requer mudanças estruturais nos níveis político, econômico e social. Isso inclui a criação de políticas públicas apropriadas, incentivos financeiros, regulamentação eficaz e engajamento de várias partes interessadas. A superação de barreiras estruturais requer uma visão de longo prazo e esforços coordenados entre governo, empresas, academia e sociedade civil.

- Logística reversa e infraestrutura: A implementação eficaz da economia circular depende de um sistema de logística reversa eficiente que possa coletar, classificar e processar adequadamente os resíduos. Isso requer investimento em infraestrutura, como centros de reciclagem, instalações de tratamento de resíduos e redes de redistribuição. A falta de infraestrutura adequada pode complicar a transição para sistemas circulares.

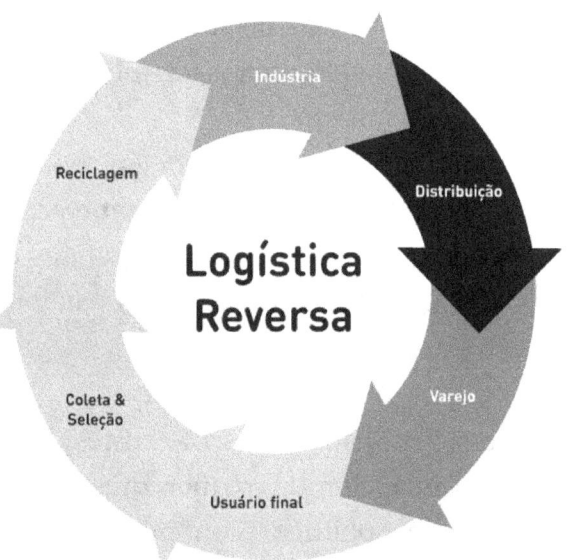

- Mudanças de mentalidade: A adoção de uma economia circular requer mudanças de mentalidade tanto para os consumidores quanto para as empresas. É importante aumentar a consciência ambiental, promover o consumo responsável e aumentar a valorização de produtos sustentáveis. Além disso, as empresas precisarão repensar seus modelos de negócios e adotar práticas mais sustentáveis, muitas vezes exigindo investimentos iniciais e abordagens de longo prazo (Geissdoerfer et al, 2017).

- Desafios técnicos e inovadores: A implementação da economia circular requer o desenvolvimento e aplicação de tecnologias inovadoras em vários campos. Isso inclui, entre outros, pesquisa e desenvolvimento de processos de reciclagem mais eficientes, novos materiais sustentáveis, rastreabilidade e técnicas de digitalização. Desafios tecnológicos e inovadores exigem investimento em pesquisa e colaboração entre academia, indústria e governo.
- Complexidade da cadeia de suprimentos: A transição para uma economia circular requer uma reconfiguração das cadeias de suprimentos, que podem ser complicadas pelas interconexões globais e pela dependência de múltiplos atores. Garantir a transparência e confiabilidade das informações ao longo do ciclo de vida do produto requer o estabelecimento de parcerias cooperativas e sistemas de cooperação entre os diversos atores da cadeia.

A economia circular provou ser uma abordagem inovadora e promissora para enfrentar os desafios de sustentabilidade e escassez de recursos que a sociedade enfrenta atualmente no Antropoceno.

Recursos tecnológicos como *design* de economia circular, modelos de negócios circulares e gerenciamento eficiente de resíduos oferecem benefícios significativos, como conservação de recursos naturais, redução de resíduos, promoção da inovação e resiliência econômica (EMF, 2021).

No entanto, a implementação de uma economia circular também enfrenta desafios complexos, como obstáculos estruturais, logística reversa e mudança de mentalidade. Além disso, superar as barreiras tecnológicas e de inovação e lidar com a complexidade da cadeia de suprimentos também é fundamental.

Governos, empresas, academia e sociedade civil devem trabalhar juntos para enfrentar esses desafios. Investimentos em pesquisa, desenvolvimento de tecnologia, infraestrutura e educação são fundamentais para impulsionar a transição para a economia circular e garantir um futuro mais sustentável e próspero para as gerações futuras.

Um conto indesejado

A humanidade entrou em uma era sombria e devastadora, o Antropoceno. A era da influência humana ilimitada no planeta foi o pior período para o planeta.

Sinais de degradação e desequilíbrio ambiental estavam por toda parte, e a vida na Terra enfrentou um conjunto de desafios sem precedentes, sobretudo a partir do século XX, após a Primeira Guerra Mundial (1914-1918) e a Segunda Guerra Mundial (1939-1945).

A partir da década de 30 do século XXI, os efeitos do aquecimento global tornaram-se mais graves e as condições meteorológicas mudaram rapidamente. O derretimento das calotas polares se acelerou rapidamente, levando a um aumento descontrolado do nível do mar.

Cidades costeiras de todos os continentes foram varridas pelas ondas e tsunamis ocasionados por grandes terremotos nos continentes e no leito marinho dos oceanos, causados pela extração demasiada de petróleo dos oceanos e de água dos aqüíferos terrestres, deixando milhões de mortos, feridos, desabrigados e desesperados.

Chuvas torrenciais e tempestades tornaram-se mais frequentes e violentas, causando inundações devastadoras e deslizamentos de terra em áreas periféricas super-povoadas das cidades.

A escassez de água atingiu uma escala alarmante. Os lençóis freáticos secaram, os rios secaram e os reservatórios se tornaram lamaçais.

As comunidades lutaram desesperadamente por cada gota de água, e conflitos armados eclodiram em todo o mundo pela posse desse recurso vital.

A perda de biodiversidade atingiu níveis alarmantes. Espécies inteiras estão se extinguindo rapidamente, criando desequilíbrios ecológicos irreversíveis, num efeito dominó da morte, chamada pelos especialistas de Sexta Extinção em Massa.

Os ecossistemas entraram em colapso e os efeitos se refletiram em todas as formas de vida.

As florestas, que já abrigaram uma grande variedade de animais e plantas, agora são cinzas, como resultado da colheita excessiva para atender às necessidades insaciáveis de uma população crescente. As terras se tornaram áridas, inférteis e improdutivas, contaminadas pelo uso excessivo de agrotóxicos e poluídas pelo acúmulo de lixo de todo tipo. Nenhuma floresta mais existe no planeta, apenas pequenos resquícios, com cerca de 10% do que já foram no final do século XX.

A poluição passou a ser predominante em todos os lugares. O ar era espesso, tóxico, cheio de emissões de gases de efeito estufa e poluentes industriais, alguns altamente prejudiciais a saúde de animais e plantas, causando inúmeras doenças, inclusive câncer e alterações genéticas irreversíveis.

As cidades se transformaram em paisagens cinzentas e abafadas, e as pessoas passaram a usar máscaras com filtros cada vez mais potentes para se proteger dos efeitos nocivos da poluição.

A saúde humana passou a ser afetada drasticamente e as doenças respiratórias e o câncer estão aumentando em todas as áreas do planeta devido a produtos químicos e poluentes. Nenhuma área do planeta foi poupada da poluição, radiação, degradação, fome, violência, pânico e desespero.

A sociedade estava dividida e sem esperança. As desigualdades sociais e econômicas se aprofundaram, com uma minoria, cerca de 1% da população mundial, detendo poder e 80% dos recursos; que em condições tão precárias tornou-se apenas o suficiente para fazer três refeições por dia e possuir um automóvel, tamanho eram os custos e falta de materiais e combustível para sua manutenção. Enquanto a maioria dos excluídos lutava para sobreviver em condições precárias e caóticas.

O colapso do sistema de governo, com a falência e descrença no Estado, resultou em caos e violência, com facções rivais disputando o controle dos escassos recursos e das regiões. Praticamente não existem mais eleições para escolha de cargos representativos, já que não existem mais os aparelhos de Estado.

Os exércitos nacionais e as próprias nações foram fragmentadas em territórios de interesse de ditadores.

O exército regular foi substituído por milícias e grupos de guerrilhas. Tiranos passaram a deter o poder com base no uso da força das armas. A ONU deixou de existir, pois a desconfiança e os conflitos passaram a imperar nas últimas reuniões e assembléias realizadas, chegando a ocorrer tentativas, prisões e assassinatos de líderes mundiais durante estas reuniões.

Não havia mais país neutro e ambiente seguro para reuniões da ONU. Enquanto todos pensavam em sua própria segurança, a corrida armamentista retornou com força total, com a liberação quase completa do uso de armas pelas populações civis de todo mundo.

Enquanto o mundo enfrentava os desafios ambientais do Antropoceno, a humanidade enfrentava uma crise devastadora com os conflitos armados, decorrente sobretudo pelos interesses nos poucos recursos naturais que ainda restavam em algumas áreas restritas.

Neste processo, a Terceira Grande Guerra Mundial estourou, mergulhando os países em conflitos violentos e destrutivos. A interrupção e a destruição resultantes prejudicaram muito os poucos esforços de conservação e a sustentabilidade global.

Batalha Sem Fim, como ficou conhecida, deixou um rastro de devastação na humanidade, sobretudo pelo uso de armas químicas, biológicas e atômicas. Num espiral de autodestruição, a guerra mundial durou cinco anos, entre 2040 a 2045, mas que pareciam 500 anos de destruição tamanha a força bélica e destrutiva, que resultou na morte de cerca de 50% da população mundial e 70% das espécies de animais e plantas, deixando um cenário aterrorizante de fome e devastação.

Seus impactos foram estimados pelos cientistas para pelo menos os próximos 1.000 anos, caso o restante da humanidade adote os procedimentos corretos para estabelecimento da paz e recuperação da sociedade e do meio ambiente em outras bases de desenvolvimento diferentes das praticadas até então no Antropoceno.

Florestas foram queimadas e rios e mares foram poluídos com resíduos tóxicos de armas e explosões. As cidades se transformam em cenários apocalípticos com prédios destruídos, poluição do ar, chuva ácida e rastros de desabrigados e refugiados ambientais.

Diante desse cenário sombrio, os esforços para mitigar as mudanças climáticas, proteger a biodiversidade e promover uma economia circular praticamente estagnaram. Recursos escassos foram usados para a guerra, deixando pouco para a proteção ambiental.

Os esforços globais de conservação foram ainda mais prejudicados pela falta de cooperação e pelas crescentes tensões geopolíticas. A guerra marcou profundamente o Antropoceno, retardando o progresso e exacerbando a degradação ambiental. Espécies restantes estão ameaçadas de extinção, ecossistemas inteiros estão sendo destruídos e os efeitos cumulativos da poluição e esgotamento dos recursos naturais continuam aumentando.

No pior cenário do Antropoceno, a humanidade passou a enfrentar consequências devastadoras por suas próprias ações irresponsáveis. Esse futuro poderia ter sido evitado se as medidas certas tivessem sido tomadas no momento certo.

Mas ainda havia um vislumbre de esperança. Algumas comunidades resilientes se uniram para encontrar soluções sustentáveis e construir um mundo melhor.

Esses grupos reintroduziram gradativamente práticas de economia circular, redefinindo nossa relação com os recursos naturais e incentivando a redução, reutilização e reciclagem de materiais. Eles implementaram projetos de energia renovável, investiram em tecnologia limpa e levaram estilos de vida mais conscientes.

Nesta situação sombria, um líder mundial visionário surgiu para estimular a mudança. Cientistas, ativistas e pensadores ousados comprometidos com a sustentabilidade socioambiental se uniram para enfrentar os desafios do Antropoceno.

Suas vozes se tornaram poderosas, ressoando em todo o mundo e provocando mobilizações pela paz coletiva. A consciência da urgência da crise ambiental se espalhou como fogo, reunindo pessoas de todas as esferas da vida.

Gradualmente, o pior cenário do Antropoceno começou a se transformar em um chamado à ação.

Governos e organizações internacionais foram gradativamente recompostas num novo projeto de sociedade, trabalhado juntos para implementar políticas ambientais abrangentes, investir em infraestrutura sustentável, proteger ecossistemas críticos e promover a distribuição de recursos de forma sustentável e investir maciçamente na educação ambiental.

Programas de reflorestamento em larga escala foram iniciados para restaurar áreas desmatadas e proteger habitats importantes para a biodiversidade.

A economia circular tornou-se a pedra angular de uma nova ordem mundial em que a produção responsável e o consumo responsável são priorizados. Uma nova base para a pesquisa científica avançou rapidamente, resultando em tecnologias inovadoras que promovem a sustentabilidade em tudo, desde a agricultura até a indústria.

As novas cidades passaram a ser redesenhadas para serem mais sustentáveis, com espaços verdes abundantes, sistemas de transporte eficientes e infraestrutura adaptada ao clima.

A resiliência e a cooperação da comunidade tornaram-se os pilares da nova sociedade, onde o conhecimento tradicional foi valorizado e integrado ao progresso científico.

A reconstrução do pós-guerra foi realizada com uma visão de longo prazo que priorizou a restauração de ecossistemas danificados e a construção de uma sociedade em harmonia com a natureza. A Terceira Grande Guerra Mundial deixou uma cicatriz profunda no Antropoceno, mas também trouxe uma lição clara de que a sobrevivência humana está intrinsecamente ligada à saúde do planeta.

O caminho para a recuperação total foi longo e árduo, mas a humanidade finalmente percebeu a urgência de proteger o planeta que eles chamam de lar. O ser humano quase levou a sua própria extinção, trazendo para si as piores catástrofes do Antropoceno, que dispararam alarmes e causaram mudanças profundas e duradouras na forma como interagimos com o mundo natural.

Este capítulo sombrio da história da humanidade nos ensinou lições importantes sobre a importância da ação individual e coletiva para evitar o pior destino do Antropoceno.

Com um sentido de responsabilidade renovado e um compromisso inabalável com a sustentabilidade, a humanidade passou a trabalhar incansavelmente para restaurar o equilíbrio perdido e criar um futuro em que a harmonia entre os seres humanos e o meio ambiente, e entre os próprios seres humanos, seja uma prioridade absoluta.

A reconstrução do pós-guerra deu início a uma nova era de cooperação global, respeito ao meio ambiente e busca de soluções sustentáveis para os desafios que enfrentamos.

À medida que o mundo se recupera da devastação da guerra, a resiliência natural e a adaptabilidade humana se combinam para construir um futuro mais resiliente e sustentável.

Relembrar as cicatrizes deixadas pela guerra e pela destruição ambiental é um poderoso lembrete de que ações individuais e coletivas podem moldar o curso do Antropoceno.

À medida que reconstruímos nossas sociedades e restauramos nossos ecossistemas, uma nova consciência ambiental permeou todos os aspectos da vida da humanidade. E depois de tudo isso, mais do que nunca, os seres humanos parecem estar conscientes da importância de proteger a biodiversidade como forma de proteger a si mesmo.

Grupos de conservação trabalham incansavelmente para proteger espécies restantes ameaçadas e seus habitats. As áreas protegidas foram ampliadas e restauradas, e a flora e a fauna gradualmente recuperadas.

Foi experimentado um vasto progresso no campo da tecnologia. A energia renovável passou a ser amplamente utilizada e está gradualmente substituindo as fontes de combustível fóssil, degradantes e poluentes que contribuíram significativamente para a mudança climática e o conflito.

A eficiência e sustentabilidade energéticas tornaram-se uma prioridade, resultando em sistemas de transporte mais limpos e edifícios mais sustentáveis. A economia circular passou a ganhar força e a reciclagem e a reutilização de materiais agora são procedimentos comuns.

Os resíduos passaram a ser tratados como um recurso valioso e os padrões de consumo foram revistos para minimizar o impacto ambiental. A educação ambiental tornou-se parte integrante dos currículos escolares em todas as séries e disciplinas, de forma transversal e interdisciplinar, preparando as gerações futuras para enfrentar os desafios ambientais com conhecimento e consciência.

As comunidades se uniram em projetos como restauração de ecossistemas, plantio de árvores, revitalização de rios e introdução de práticas agrícolas sustentáveis.

Ao nos aproximarmos do novo equilíbrio do Antropoceno, aprendemos a valorizar e respeitar a interconexão de todos os seres vivos. Reconhecemos que somos apenas parte do complexo e delicado sistema do planeta e que nossa sobrevivência depende da saúde e resiliência desse sistema.

A Terceira Grande Guerra Mundial foi um capítulo sombrio na história do Antropoceno, mas também nos ensinou lições valiosas sobre a importância da paz, da cooperação global e da proteção ambiental. Aprendemos que a destruição é um caminho insustentável e que a construção de um futuro sustentável exige esforço coletivo e comprometimento com a proteção do planeta.

Ao entrarmos no novo capítulo do Antropoceno, temos a responsabilidade de evitar os erros do passado. Cabe a nós, guardiões do planeta, moldar um futuro em que a harmonia entre o homem e a natureza seja alcançada.

Nossa jornada rumo a um Antropoceno equilibrado e sustentável está apenas começando, e estamos determinados a trabalhar incansavelmente para que isso aconteça. À medida que nossos esforços se intensificaram, começamos a ver os resultados.

A qualidade do ar melhorou muito, os corpos d'água foram limpos de poluentes e os ecossistemas estão lentamente começando a se recuperar. Espécies ameaçadas estão encontrando santuários em áreas protegidas, e esforços bem-sucedidos de conservação estão ocorrendo em todo o mundo.

A energia limpa está no centro do sistema energético mundial. Parques eólicos e usinas de energia solar estão sendo construídos em grande escala para substituir as fontes de combustíveis fósseis que até então causavam um impacto negativo no meio ambiente.

Graças aos avanços tecnológicos e aos pesados investimentos em pesquisa e desenvolvimento, a transição para uma economia de baixo carbono esta bem encaminhada. A cooperação internacional foi fortalecida e os países estão deixando de lado suas diferenças e trabalhando juntos em questões ambientais.

Tratados e acordos internacionais são assinados para proteger o ecossistema global, regular as emissões de gases de efeito estufa e promover a conservação da biodiversidade.

Mas, apesar desses esforços extenuantes, as cicatrizes deixadas pelo pior cenário do Antropoceno permanecem profundas. Algumas espécies foram irremediavelmente perdidas, ecossistemas inteiros mudaram e as sociedades humanas ainda sofrem os efeitos de décadas de negligência.

A reconstrução e a recuperação exigirão uma abordagem holística que considerasse as necessidades sociais, econômicas e ambientais em longo prazo. Os lembretes dos piores cenários do Antropoceno são lembretes constantes da fragilidade do planeta e da importância da responsabilidade ambiental.

A humanidade aprendeu as lições da história e jurou não repetir os erros do passado. Este capítulo sombrio na história do Antropoceno terminou com um vislumbre de esperança.

A resiliência da natureza e humana está unindo forças para criar um futuro mais sustentável e equilibrado. O caminho para a recuperação total está longe de ser concluído, mas nossa determinação de proteger e preservar o planeta permanece inabalável.

À medida que a história avança nesta nova sociedade nascida das cinzas de destruição do Antropoceno, as lições dos piores cenários vividos pela humanidade lançaram as bases para uma nova era de respeito pela natureza e um esforço comum para construir um futuro melhor para as próximas gerações, com sustentabilidade e promoção da qualidade de vida para todos.

Conclusão

Este livro examinou as complexas interações entre os seres humanos e o meio ambiente no Antropoceno. Das Eras glaciais do passado longínquo, ao surgimento dos seres humanos, antiguidade clássica, passando pela idade média, revolução industrial, até os desafios que enfrentamos na atualidade, analisando e comparando diferentes aspectos dos impactos das atividades humanas no planeta.

Com base em dados acadêmicos atualizados, abordamos questões como mudanças climáticas, perda de biodiversidade, escassez de recursos e degradação ambiental, e desenhamos um quadro perturbador, mas importante de ser entendido, de nossa relação com o planeta.

Ficou claro que a industrialização, com seu rápido desenvolvimento tecnológico e expansão econômica, desempenhou um papel fundamental na transformação do mundo em que vivemos hoje. No entanto, essas mudanças tiveram um impacto significativo no meio ambiente.

O rápido desmatamento, a poluição da água, a movimentação de terras, a mudanças das paisagens, as emissões de gases do efeito estufa e a exploração descontrolada dos recursos naturais estão deixando marcas profundas em ecossistemas.

A jornada também explora o conceito de limites planetários, que definem limites seguros dentro dos quais a humanidade pode operar para evitar danos irreparáveis ao planeta.

Ficou claro que estamos ultrapassando muitos desses limites, colocando em risco a capacidade da Terra de sustentar a vida como a conhecemos.

No entanto, nunca é tarde para agir. Durante essas análises que fazemos, também encontramos exemplos inspiradores de ação positiva de indivíduos, comunidades e governos em todo o mundo. A consciência das questões ambientais é crescente, tornando a busca por soluções sustentáveis ainda mais urgente.

Transição para energia renovável, adoção de práticas agrícolas sustentáveis, economia circular, conservação da biodiversidade e gestão dos recursos naturais são apenas algumas das muitas ações necessárias para enfrentar os desafios do Antropoceno e evitar cenários catastróficos, como aquele ilustrado hipoteticamente no último capítulo deste livro.

Por isso, enfatizamos a importância de mudarmos radicalmente nossas mentalidades e valores. Devemos reconhecer que fazemos parte de um sistema interconectado e que nossa sobrevivência e prosperidade estão intrinsecamente ligadas à saúde do planeta.

Precisamos repensar nossas noções de crescimento e progresso e buscar um equilíbrio entre as necessidades humanas e a capacidade regenerativa do planeta. O futuro do Antropoceno está em nossas mãos. Temos a responsabilidade de agir em conjunto para proteger e conservar o planeta para as gerações futuras. Isso requer cooperação global, liderança visionária e mudanças em nossos estilos de vida e sistemas econômicos.

Ao concluirmos esta jornada pelo Antropoceno, é imperativo que não apenas entendamos os desafios que enfrentamos, mas também nos sintamos inspirados e capacitados para agir. Cada um de nós tem um papel a desempenhar na construção de um futuro sustentável.

Devemos agir agora antes que seja tarde demais. Que este livro seja um chamado à ação, uma semente de esperança e um lembrete constante de que o destino do planeta está em nossas mãos.

As evidências científicas são claras e inegáveis. Se não mudarmos nosso comportamento e atitudes para com os demais seres humanos e dos seres humanos perante o meio ambiente, enfrentaremos consequências irreversíveis.

Ao nos aproximarmos da percepção do Antropoceno, devemos lembrar que somos uma espécie dotada de inteligência, criatividade e adaptabilidade. Podemos encontrar soluções inovadoras para os problemas ambientais que enfrentamos.

Precisamos de coragem para questionar as estruturas e sistemas existentes e buscar alternativas mais sustentáveis e justas. As ações de cada um de nós importam. Podemos adotar hábitos de consumo consciente, reduzir o desperdício, promover a educação ambiental com nossos próprios exemplos e incentivos, reciclar e reaproveitar recursos.

Podemos promover a conscientização e educação ambiental em nossas comunidades e incentivar outras pessoas a se juntarem a nós nessa luta pela sustentabilidade. Mas as soluções também exigem ação coletiva.

Governos, empresas, sociedade e instituições têm a responsabilidade de adotar políticas e práticas sustentáveis, investir em energia limpa, proteger ecossistemas e ter metas ambiciosas para evitar mais catástrofes no Antropoceno. A transição para um futuro sustentável pode parecer assustadora devido as mudanças que precisamos implementar praticamente em todos os setores de nossas vidas, mas não deixe o medo e a preguiça paralisar você. Temos o poder de criar um mundo melhor para nós e para as gerações futuras, nossos filhos, netos, bisnetos e demais descendentes.

No final desta viagem pelo Antropoceno, devemos lembrar que a história não está definitivamente escrita, pois ainda estamos escrevendo esta história. O futuro pode ser moldado por nossas ações e escolhas. Podemos escolher um caminho de respeito e harmonia com a natureza, onde a prosperidade humana é indissociável da saúde do planeta.

Que este livro sirva como um lembrete constante de nossa responsabilidade como administradores do planeta. Que possamos inspirar uns aos outros a agir com gentileza, sabedoria e determinação. O tempo é curto e essencial, mas se nos unirmos para um futuro sustentável, podemos escrever uma nova narrativa para o Antropoceno: um conto de cooperação, renascimento e esperança.

Que nossas ações sejam pautadas pelo reconhecimento de que somos parte integrante da teia da vida neste planeta.

Manteremos a cabeça erguida e enfrentaremos os desafios do Antropoceno com determinação para criar um mundo melhor para todos.

O futuro do Antropoceno está em nossas mãos. Agora é a hora de fazer a sustentabilidade socioambiental acontecer mais do que nunca.

Bibliografia

Acosta, A., & Martínez-Alier, J. (2018). The Environmentalism of the Poor: A Study of Ecological Conflicts and Valuation. Edward Elgar Publishing.

Adger, W. N. (2000). Social and ecological resilience: are they related?. Progress in Human Geography, 24(3), 347-364.

____. (2010). Climate change, human well-being and insecurity. New Political Economy, 15(2), 275-292.

Akbari, H., Pomerantz, M., & Taha, H. (2001). Cool surfaces and shade trees to reduce energy use and improve air quality in urban areas. Solar Energy, 70(3), 295-310.

Allen, M. R., & Ingram, W. J. (2002). Constraints on future changes in climate and the hydrologic cycle. Nature, 419(6903), 224-232.

Alroy, J. (1999). The Fossil Record of North American Mammals: Evidence for a Paleocene Evolutionary Radiation. Systematic Biology, 48(1), 107-118.

Andrady, A. L. (2017). Microplastics in the marine environment. Marine Pollution Bulletin, 119(1), 12-22.

Angel, S., Parent, J., & Civco, D. L. (2011). The dimensions of global urban expansion: Estimates and projections for all countries, 2000-2050. Progress in Planning, 75(2), 53-107.

Arnold, D. E. (2015). The Encyclopedia of Ancient Egyptian Architecture. Princeton University Press.

Bäckstrand, K., et al. (2019). The Politics and Policy of Social-Ecological Resilience: Brexit as a Window of Opportunity? Global Environmental Politics, 19(1), 42-62.

____., & Lövbrand, E. (2016). The road to Paris: Contested climate governance in the global South. Third World Quarterly, 37(6), 1102-1115.

Barbosa, L. A., Bastos, F. F., & Monteiro, M. L. (2019). Anthropogenic noise in the ocean: Impacts and mitigation strategies. Environmental Pollution, 251, 806-814.

Bardi, U. (2018). The geology of the Anthropocene. Cham: Springer.

Barnett, T. P., Adam, J. C., & Lettenmaier, D. P. (2005). Potential impacts of a warming climate on water availability in snow-dominated regions. Nature, 438(7066), 303-309.

Barnosky, A. D., Matzke, N., Tomiya, S., Wogan, G. O., Swartz, B., Quental, T. B., ... & Ferrer, E. A. (2011). Has the Earth's sixth mass extinction already arrived? Nature, 471(7336), 51-57.

Bellard, C., Leroy, B., Thuiller, W., Rysman, J. F., Courchamp, F., & Major, H. (2016). Major drivers of invasion risks throughout the world. Ecosphere, 7(3), e01241.

Bellwood, P. (2004). The First Farmers: The Origins of Agricultural Societies. Blackwell Publishing.

Bennett, V. C., & Chopra, J. (2019). The Geologic Time Scale 2012. Elsevier.

Benton, M. J. (2014). Vertebrate Paleontology. John Wiley & Sons.

Berkes, F. (2019). Sacred Ecology: Traditional Ecological Knowledge and Resource Management. Routledge.

____. (2012). Sacred Ecology: Traditional Ecological Knowledge and Resource Management. Routledge.

____. (2017). Sacred Ecology: Traditional Ecological Knowledge and Resource Management. Routledge.

Biermann, F., & Pattberg, P. (2008). Global Environmental Governance Revisited: Challenges, Actors, and Institutions. MIT Press.

____., et al. (2012). Navigating the Anthropocene: Improving Earth System Governance. Science, 335(6074), 1306-1307.

____., et al. (2018). Transforming Governance and Institutions for a Planet in Crisis: A New Theoretical Approach. Earth System Governance, 1, 1-13.

Bilham, R. (2018). The Anthropocene is a reality: Evidence from global seismicity patterns in the past 50 years. Geological Society of America Bulletin, 130(5-6), 780-790.

Boas, I., et al. (2020). Mobilizing for Change: Social Movements and Climate Change. Cambridge University Press.

Bonanno, G. A., Westphal, M., & Mancini, A. D. (2011). Resilience to loss and potential trauma. Annual Review of Clinical Psychology, 7, 511-535.

Bonneuil, C., & Fressoz, J.-B. (2017). The Shock of the Anthropocene: The Earth, History and Us. Verso Books.

Boucher, D. H., et al. (2011). "The Tropical Forests of the Anthropocene." Nature, 478(7369), 515-522.

Brookes, G., & Barfoot, P. (2018). Culturas GM: impactos socioeconômicos e ambientais globais 1996-2016. Dorchester: PG Economics Ltd.

Brusatte, S. L. (2018). The Rise and Fall of the Dinosaurs: A New History of a Lost World. William Morrow.

Bullard, R. D. (1993). Confronting Environmental Racism: Voices from the Grassroots. South End Press.

Burke, E. J., Ekici, A., Huang, Y., Chadburn, S. E., Huntingford, C., Wu, M., ... & Piao, S. (2020). Quantifying uncertainties in soil carbon responses to changes in global mean temperature and precipitation. Earth System Dynamics, 11(1), 201-222

Cadoux, A., Delgado Granados, H., Gertisser, R., & Preece, K. (2020). Global analysis of the frequency of explosive volcanic eruptions during the last 2 million years. Journal of Volcanology and Geothermal Research, 393, 106765.

Caesar, L., Rahmstorf, S., Robinson, A., Feulner, G., & Saba, V. (2021). Observed fingerprint of a weakening Atlantic Ocean overturning circulation. Nature, 594(7863), 387-392.

Cai, W. J., Hu, X., Huang, W. J., Murrell, M. C., Lehrter, J. C., Lohrenz, S. E., ... & Wang, Y. (2011). Acidification of subsurface coastal waters enhanced by eutrophication. Nature Geoscience, 4(11), 766-770.

Callicott, J. B. (1989). Dryzek, J. S., et al. (2013). Democratization in the Anthropocene. The Anthropocene Review, 1(1), 3-14.

Canadell, J. G., Le Quéré, C., Raupach, M. R., Field, C. B., Buitenhuis, E. T., Ciais, P., ... & Marland, G. (2007). Contributions to accelerating atmospheric CO2 growth from economic activity, carbon intensity, and efficiency of natural sinks. Proceedings of the National Academy of Sciences, 104(47), 18866-18870.

Ceballos, G., Ehrlich, P. R., Barnosky, A. D., García, A., Pringle, R. M., & Palmer, T. M. (2015). Accelerated modern human-induced species losses: Entering the sixth mass extinction. Science Advances, 1(5), e1400253.

____., Ehrlich, P. R., & Dirzo, R. (2017). Biological annihilation via the ongoing sixth mass extinction signaled by vertebrate population losses and declines. Proceedings of the National Academy of Sciences, 114(30), E6089-E6096.

Chawla, L. (2020). Critical perspectives on environmental education: A social justice lens. In The Oxford Handbook of Environmental and Conservation Psychology (pp. 299-318). Oxford University Press.

Chen, X., et al. (2018). Monitoring land use/cover change and landscape pattern dynamics using remote sensing and GIS in Riz in Rizhao City, China. International Journal of Environmental Research and Public Health, 15(8), 1787. doi:10.3390/ijerph15081787.

____. & Sun, L. (2019). A review of satellite-based precipitation measurements and their applications: Insights from the latest Global Precipitation Measurement (GPM) mission. Remote Sensing, 11(6), 649.

Ciais, P., Sabine, C., Bala, G., Bopp, L., Brovkin, V., Canadell, J., Young, O. (2013). Carbon and other biogeochemical cycles. In Climate Change 2013: The Physical Science Basis. Contribution of Working Group I to the Fifth Assessment Report of the Intergovernmental Panel on Climate Change (pp. 465-570). Cambridge University Press.

Claeys, P. (2018). The Anthropocene: A geological time interval of human making. Proceedings of the Geologists' Association, 129(1), 1-17.

Contreras, D., & Finlay, N. (Eds.). (2011). The Archaeology of Human-Environment Interactions. Routledge.

Corbett, J. B. (2006). Communicating nature: How we create and understand environmental messages. Island Press

Davis, M. (2006). Planet of Slums. Verso Books.

DeFries, R. S., Rudel, T., Uriarte, M., & Hansen, M. (2010). Deforestation driven by urban population growth and agricultural trade in the twenty-first century. Nature Geoscience, 3(3), 178-181.

Díaz, S., Settele, J., Brondízio, E. S., Ngo, H. T., Agard, J., Arneth, A., Zayas, C. N. (2019). Summary for policymakers of the global assessment report on biodiversity and ecosystem services of the Intergovernmental Science-Policy Platform on Biodiversity and Ecosystem Services. IPBES.

_____., et al. (2018). Assessing nature's contributions to people. Science, 359(6373), 270-272.

_____., et al. (2018). The IPBES Assessment Report on Land Degradation and Restoration. Intergovernmental Science-Policy Platform on Biodiversity and Ecosystem Services.

Dirzo, R., Young, H. S., Galetti, M., Ceballos, G., Isaac, N. J., & Collen, B. (2014). Defaunation in the Anthropocene. Science, 345(6195), 401-406.

Donat, M. G., Lowry, A. L., Alexander, L. V., O'Gorman, P. A., & Maher, N. (2016). More extreme precipitation in the world's dry and wet regions. Nature Climate Change, 6(5), 508-513.

Dryzek, J. S. (2013). The Politics of the Earth: Environmental Discourses. Oxford University Press.

Ellis, E. C. (2015). Ecology in an Anthropogenic Biosphere. Ecological Monographs, 85(3), 287-331.

____. (2011). Anthropogenic transformation of the terrestrial biosphere. Philosophical Transactions of the Royal Society B: Biological Sciences, 369(1938), 1010-1035.

EMF. Ellen MacArthur Foundation. (2021). Towards the Circular Economy: Economic and Business Rationale for an Accelerated Transition. Disponível em: https://www.ellenmacarthurfoundation.org/assets/downloads/TCE_Ellen-MacArthur-Foundation_9-Dec-2015.pdf

Eriksen, M., et al. (2014). Plastic pollution in the world's oceans: More than 5 trillion plastic pieces weighing over 250,000 tons afloat at sea. PLoS ONE, 9(12), e111913.

Erwin, D. H. (2015). The Cambrian Explosion: The Construction of Animal Biodiversity. Roberts and Company Publishers.

____. (1993). The Great Paleozoic Crisis: Life and Death in the Permian. Columbia University Press.

Escadafal, R., et al. (2019). Remote sensing techniques for soil erosion assessment and monitoring: A review. Remote Sensing, 11(6), 651.

Escobar, A. (2018). Sustainability: Design for the pluriverse. Durham: Duke University Press.

European Commission. (2018). A European strategy for plastics in a circular economy. Disponível em: https://ec.europa.eu/environment/circular-economy/pdf/plastics-strategy.pdf.

Foley, J. A., DeFries, R., Asner, G. P., Barford, C., Bonan, G., Carpenter, S. R., ... & Snyder, P. K. (2005). Global consequences of land use. Science, 309(5734), 570-574.

Folke, C., et al. (2010). Resilience Thinking: Integrating Resilience, Adaptability and Transformability. Ecology and Society, 15(4), 20.

_____. (2005). Adaptive Governance of Social-Ecological Systems. Annual Review of Environment and Resources, 30, 441-473.

Foster, S., & Chilton, P. (2003). Groundwater: the processes and global significance of aquifer degradation. Philosophical Transactions of the Royal Society of London. Series B: Biological Sciences, 358(1440), 1957-1972.

Fressoli, M., et al. (2014). When grassroots innovation movements encounter mainstream institutions: Implications for models of inclusive innovation. Innovation and Development, 4(2), 277-292.

Friedlingstein, P., Jones, M. W., O'Sullivan, M., Andrew, R. M., Hauck, J., Peters, G. P., ... & Arora, V. K. (2019). Global carbon budget 2019. Earth System Science Data, 11(4), 1783-1838.

Geissdoerfer, M., Savaget, P., Bocken, N. M., & Hultink, E. J. (2017). The Circular Economy – A new sustainability paradigm? Journal of Cleaner Production, 143, 757-768.

Gerlach, T. M. (2011). Volcanic versus anthropogenic carbon dioxide. Eos, Transactions American Geophysical Union, 92(24), 201-208.

Geyer, R., Jambeck, J. R., & Law, K. L. (2017). Production, use, and fate of all plastics ever made. Science Advances, 3(7), e1700782.

Ghisellini, P., Cialani, C., & Ulgiati, S. (2016). A review on circular economy: the expected transition to a balanced interplay of environmental and economic systems. Journal of Cleaner Production, 114, 11-32.

Gibbons, D., Morrissey, C., Mineau, P., & Currie, D. J. (2015). A review of the direct and indirect effects of neonicotinoids and fipronil on vertebrate wildlife. Environmental Science and Pollution Research, 22(1), 103-118.

Gibson-Graham, J. K., Cameron, J., & Healy, S. (2013). Take back the economy: An ethical guide for transforming our communities. University of Minnesota Press.

Gómez-Baggethun, E., et al. (2013). Traditional ecological knowledge and global environmental change: Research findings and policy implications. Ecology and Society, 18(4), 72.

Gomiero, T., et al. (2011). A review of organic farming for sustainable agriculture in northern Europe. Sustainability, 3(12), 2020-2037.

Govers, G., et al. (2009). Soil erosion processes and their impact on laterite formation in tropical steeplands, Northern Thailand. Catena, 79(3), 254-260.

Gradstein, F. M., Ogg, J. G., Schmitz, M. D., & Ogg, G. M. (2020). The geologic time scale 2020. Elsevier.

_____. (2012). The Geologic Time Scale 2012. Elsevier.

Griggs, D., et al. (2013). Sustainable development goals for people and planet. Nature, 495(7441), 305-307.

Grimm, N. B., Faeth, S. H., Golubiewski, N. E., Redman, C. L., Wu, J., Bai, X., & Briggs, J. M. (2008). Global change and the ecology of cities. Science, 319(5864), 756-760.

Hamilton, C. (2017). Defiant Earth: The fate of humans in the Anthropocene. John Wiley & Sons.

Hansen, M. C., et al. (2020). High-resolution global maps of 21st-century forest cover change. Science, 342(6160), 850-853.

Harper, D. A., Hammarlund, E. U., & Rasmussen, C. M. (2019). End-Ordovician extinctions: a coincidence of causes. Gondwana Research, 67, 31-50.

_____., & Servais, T. (2016). The Great Ordovician Biodiversification Event: Insights from the Baltoscandian Margin of the Paleotropics. GSA Bulletin, 128(3-4), 511-530.

Harvey, D. (2014). Seventeen Contradictions and the End of Capitalism. Oxford University Press.

Hatcher, John. The Black Death: An Intimate History. Yale University Press, 2008.

Hickel, J. (2020). Less is More: How Degrowth Will Save the World. Penguin Random House UK.

_____., & Kallis, G. (2019). Is green growth possible?. New Political Economy, 25(4), 469-486.

Hickman, L. (2016). Environmental Activism and Climate Change: The Role of Nonviolent Direct Action. Routledge.

Hoornweg, D., Bhada-Tata, P., & Kennedy, C. (2013). Environment: Waste production must peak this century. Nature, 502(7473), 615.

Hulme, M. (2015). Climate and its Changes: A Cultural Appraisal. Geographical Research, 53(2), 205-214.

Hwang, Y. T., Frierson, D. M., & Kang, S. M. (2011). Anthropogenic sulfate aerosol and the southward shift of tropical precipitation in the late 20th century. Geophysical Research Letters, 38(13), L13706.

ICRC. International Committee of the Red Cross. (2021). Environmental protection and armed conflict: A legal and policy framework.

IMBIE Team. (2018). Mass balance of the Antarctic Ice Sheet from 1992 to 2017. Nature, 558(7709), 219-222.

IPBES. (2019). Intergovernmental Science-Policy Platform on Biodiversity and Ecosystem Services. Global Assessment Report on Biodiversity and Ecosystem Services. Summary for policymakers of the global assessment report on biodiversity and ecosystem services of the Intergovernmental Science-Policy Platform on Biodiversity and Ecosystem Services Secretariat, Bonn, Germany.

IPCC (Intergovernmental Panel on Climate Change (IPCC). (2018). Relatório Especial sobre o Aquecimento Global de 1,5 °C. Recuperado de https://www.ipcc.ch/sr15/

____. Intergovernmental Panel on Climate Change. (2014). Climate Change 2014: Synthesis Report. Retrieved from https://www.ipcc.ch/report/ar5/syr/

____. (2021). Climate Change 2021: The Physical Science Basis. Contribution of Working Group I to the Sixth Assessment Report of the Intergovernmental Panel on Climate Change. Cambridge University Press.

____. (2019). Special Report on the Ocean and Cryosphere in a Changing Climate. Retrieved from [inserir o link ou a fonte específica onde o relatório pode ser encontrado]

INPE. Instituto Nacional de Pesquisas Espaciais. (2020). Disponível em: http://www.inpe.br/

IUGS. International Union of Geological Sciences. Subcommission on the Systematics of Igneous Rocks. (2019). International Classification of Igneous Rocks 2019. Geological Society of America, 147(7-8), 1743-1763.

Jackson, T. (2017). Prosperity without Growth: Foundations for the Economy of Tomorrow. Routledge.

Kirchherr, J., Reike, D., & Hekkert, M. (2017). Conceptualizing the circular economy: An analysis of 114 definitions. Resources, Conservation and Recycling, 127, 221-232.

Lebreton, L., et al. (2018). Evidence that the Great Pacific Garbage Patch is rapidly accumulating plastic. Scientific Reports, 8, 4666.

Jambeck, J. R., et al. (2015). Plastic waste inputs from land into the ocean. Science, 347(6223), 768-771.

Janis, C. M., Scott, K. M., & Jacobs, L. L. (1998). Evolution of Tertiary Mammals of North America. Volume 1: Terrestrial Carnivores, Ungulates, and Ungulatelike Mammals. Cambridge: Cambridge University Press.

Kallis, G., et al. (2018). Degrowth. Current Opinion in Environmental Sustainability, 30, 124-130.

____., et al. (2018). Degrowth. Annual Review of Environment and Resources, 43, 291-316.

Kapsenberg, L., Alliouane, S., Gattuso, J. P., Mousseau, L., & Gazeau, F. (2020). Review of ocean acidification effects on marine ecosystems with a regional perspective. Regional Studies in Marine Science, 37, 101413.

Kaufman, D. S., Axford, Y., Henderson, A. C. G., McKay, N. P., Oswald, W. W., Saenger, C., ... & Anderson, R. S. (2020). Holocene global mean surface temperature, a multi-method reconstruction approach. Scientific Data, 7(1), 1-15.

Kemp, D., & Owen, J. R. (2017). The Environmental Impacts of Mining: Lessons from the Australian Experience. Ashgate Publishing.

Kidd, C., Kniveton, D., & Layberry, R. (2012). The future of rainfall estimation: Satellite rainfall estimation. Hydrological Sciences Journal, 57(4), 756-767.

Lal, R. (2015). Restoring soil quality to mitigate soil degradation. Sustainability, 7(5), 5875-5895.

Langdon, J. (Ed.). (2018). Medieval Environmental Data: Uncertainty in Ecology and History. Routledge.

Law, K. L., et al. (2014). Plastic accumulation in the North Atlantic subtropical gyre. Science, 329(5996), 1185-1188.

Leal Filho, W., et al. (Eds.). (2021). Sustainability Science for Strong Sustainability. Springer.

Lebel, L., et al. (2006). Governance and the capacity to manage resilience in regional social-ecological systems. Ecology and Society, 11(1), 19.

Lebreton, L., et al. (2018). Evidence that the Great Pacific Garbage Patch is rapidly accumulating plastic. Scientific Reports, 8, 4666.

LeCain, T. J. (2017). The Matter of History: How Things Create the Past. Cambridge University Press.

Leopold, A. (1949). A Sand County Almanac: With Essays on Conservation from Round River. Oxford University Press.

Le Quéré, C., Andrew, R. M., Friedlingstein, P., Sitch, S., Hauck, J., Pongratz, J., ... & Peters, G. P. (2018). Global carbon budget 2017. Earth System Science Data, 10(1), 405-448.

Levin, S. A., et al. (2013). Social-Ecological Systems as Complex Adaptive Systems: Modeling and Policy Implications. Environmental Development, 2, 12-24.

Levitus, S., Antonov, J. I., Boyer, T. P., Baranova, O. K., Garcia, H. E., Locarnini, R. A., ... & Seidov, D. (2012). World ocean heat content and thermosteric sea level change (0–2000 m), 1955–2010. Geophysical Research Letters, 39(10).

Lewis, S. L., & Maslin, M. A. (2015). Defining the Anthropocene. Nature, 519(7542), 171-180.

____. et al. (2015). The human footprint in the carbon cycle of temperate and boreal forests. Nature, 488(7412), 70-74.

Liang, X., Li, X., Zhu, W., & Tang, H. (2020). Remote sensing and in-situ observation of atmospheric carbon dioxide: A review. Advances in Atmospheric Sciences, 37(12), 1349-1366.

Li, C., & Lu, R. (2021). Changing characteristics of East Asian monsoon precipitation in response to anthropogenic warming. Journal of Climate, 34(3), 1105-1122.

Liu, J., Mooney, H., Hull, V., Davis, S. J., Gaskell, J., Hertel, T., ... & Zurek, M. B. (2015). Systems integration for global sustainability. Science, 347(6225), 1258832.

____., et al. (2021). Water scarcity assessments in the Anthropocene: An integrative framework. Earth's Future, 9(2), e2020EF001694.

Marotzke, J., & Forster, P. M. (2015). Forcing, feedback and internal variability in global temperature trends. Nature, 517(7536), 565-570.

Marshall, C. R. (2006). Explaining the Cambrian "Explosion" of Animals. Annual Review of Earth and Planetary Sciences, 34, 355-384.

McDonald, R. I., Mansur, A. V., Ascensão, F., Crossman, K., Elmqvist, T., et al. (2020). Research gaps in knowledge of the impact of urban growth on biodiversity. Nature Sustainability, 3(10), 843-851.

McGhee, G. R. (2013). When the Invasion of Land Failed: The Legacy of the Devonian Extinctions. Columbia University Press.

McKinney, M. L. (2008). Effects of urbanization on species richness: a review of plants and animals. Urban Ecosystems, 11(2), 161-176.

MEA. Millennium Ecosystem Assessment. (2005). Ecosystems and Human Well-being: Biodiversity Synthesis. Retrieved from https://www.millenniumassessment.org/documents/document.354.aspx.pdf

Meadowcroft, J. (2017). Governing the Anthropocene: An introduction. The Anthropocene Review, 4(3), 151-158.

Mei, Y., Wang, Y., Xie, P., Huang, J., & Zhong, L. (2020). Evaluation of the latest GPM IMERG V06 and TRMM 3B42 V7 precipitation products over China using a gauge-calibrated multi-satellite merged dataset. Remote Sensing, 12(6), 975.

Miall, A. D. (2018). The geology of stratigraphic sequences (Vol. 1). Springer.

_____. (2016). Stratigraphy: A Modern Synthesis. Springer.

Mokarram, M., et al. (2021). Geospatial Techniques for the Analysis of Earth Observation Data. Springer.

Montgomery, D. R. (2007). Soil erosion and agricultural sustainability. Proceedings of the National Academy of Sciences, 104(33), 13268-13272.

Moore, J. W. (2015). Capitalism in the Web of Life: Ecology and the Accumulation of Capital. Verso Books.

Moser, S. C., & Ekstrom, J. A. (2010). A framework to diagnose barriers to climate change adaptation. Proceedings of the National Academy of Sciences, 107(51), 22026-22031.

Mote, P. W., Hamlet, A. F., Clark, M. P., & Lettenmaier, D. P. (2005). Declining mountain snowpack in western North America. Bulletin of the American Asteróidelogical Society, 86(1), 39-49.

Motta, S. C., & Cunha, E. B. (Eds.). (2021). Resistance and social transformation in the Anthropocene. Routledge.

Naess, A. (1973). The Shallow and the Deep, Long-Range Ecology Movement. Inquiry, 16(1-4), 95-100.

Newbold, T., Hudson, L. N., Hill, S. L. L., et al. (2015). Global effects of land use on local terrestrial biodiversity. Nature, 520(7545), 45-50.

NOAA (National Oceanic and Atmospheric Administration). (2022). Trends in Atmospheric Carbon Dioxide. Recuperado de https://gml.noaa.gov/ccgg/trends/

Norris, F. H., Stevens, S. P., Pfefferbaum, B., Wyche, K. F., & Pfefferbaum, R. L. (2008). Community resilience as a metaphor, theory, set of capacities, and strategy for disaster readiness. American Journal of Community Psychology, 41(1-2), 127-150.

Notz, D., & Stroeve, J. (2018). The trajectory towards a seasonally ice-free Arctic Ocean. Current Climate Change Reports, 4(4), 407-416.

O'Neill, D. W., et al. (2018). "A good life for all within planetary boundaries." Nature Sustainability, 1(2), 88-95.

Pimm, S. L., Jenkins, C. N., Abell, R., Brooks, T. M., Gittleman, J. L., Joppa, L. N., ... & Sexton, J. O. (2014). The biodiversity of species and their rates of extinction, distribution, and protection. Science, 344(6187), 1246752.

Piscicelli, L., Cooper, T., & Fisher, T. (2015). Towards a framework for understanding behaviours in the circular economy. Journal of Cleaner Production, 97, 76-88.

PNUD. Programa das Nações Unidas para o Desenvolvimento. (2015). Objetivos de Desenvolvimento Sustentável. Disponível em: https://www.undp.org/sustainable-development-goals

Prothero, D. R., & Ludtke, J. (2007). From Greenhouse to Icehouse: The Marine Eocene-Oligocene Transition. Columbia University Press.

____., & Ludtke, J. (2020). Earth in Human Hands: Shaping Our Planet's Future. Columbia University Press.

____. (2018). The Eocene-Oligocene Transition: Paradise Lost. Columbia University Press.

____., & Dott Jr., R. H. (2017). Evolution of the Earth. McGraw-Hill Education.

Raworth, K. (2017). Doughnut Economics: Seven Ways to Think Like a 21st-Century Economist. Chelsea Green Publishing.

Renne, P. R., Deino, A. L., Hilgen, F. J., Kuiper, K. F., Mark, D. F., Mitchell, W. S., ... & Villa, I. M. (2013). Time scales of critical events around the Cretaceous-Paleogene boundary. Science, 339(6120), 684-687.

Rhein, M., Rintoul, S. R., Aoki, S., Campos, E., Chambers, D., Feely, R. A., ... & Roemmich, D. (2013). Observations: ocean. In Climate change 2013: the physical science basis. Contribution of Working Group I to the Fifth Assessment Report of the Intergovernmental Panel on Climate Change (pp. 255-315). Cambridge University Press.

Ricotta, C., & Celesti-Grapow, L. (2019). A novel framework to assess biotic homogenization at multiple scales. Ecological Indicators, 101, 978-981.

Ripple, W. J., et al. (2020). The fate of nature: Rediscovering the sixth extinction. Nature, 585(7823), 36-39.

Roberts, D. L., & Stewart, B. W. (2018). Evolutionary Ecology of Extinct Organisms. Chicago: University of Chicago Press.

Rochman, C. M., et al. (2015). Anthropogenic debris in seafood: Plastic debris and fibers from textiles in fish and bivalves sold for human consumption. Scientific Reports, 5, 14340.

Rockström, J., et al. (2017). A roadmap for rapid decarbonization. Science, 355(6331), 1269-1271.

Roemmich, D., Johnson, G. C., Riser, S., Davis, R., Gilson, J., Owens, W. B., ... & Zilberman, N. (2009). The Argo Program: Observing the global ocean with profiling floats. Oceanography, 22(2), 34-43

Rose, K. D. (2006). The beginning of the age of mammals. Johns Hopkins University

Roy, D. P., et al. (2019). Remote Sensing of Environment: An Earth Resource Perspective. Pearson.

Sachs, J. (2015). The Age of Sustainable Development. Columbia University Press.

Salvetti, F., et al. (2019). Sustainable Schools: Introducing Education for Sustainability in Elementary Schools. Sustainability, 11(13), 3753.

Schleuss, P. M., Sierra, C. A., He, Y., Lange, M., Bernhardt-Römermann, M., Cadillo-Quiroz, H., ... & Mikutta, R. (2020). The effect of permafrost thaw on old carbon release and net carbon exchange feedbacks to climate. Nature Climate Change, 10(7), 555-560.

Schlosberg, D., et al. (2020). Theories of Justice and Climate Change: Perspectives from Political Ecology. In Climate Change and the Voiceless (pp. 35-53). Routledge.

Schuur, E. A. G., McGuire, A. D., Schädel, C., Grosse, G., Harden, J. W., Hayes, D. J., ... & Turetsky, M. R. (2015). Climate change and the permafrost carbon feedback. Nature, 520(7546), 171-179.

SERNANP. Serviço Nacional de Áreas Naturais Protegidas pelo Estado. (2017). Disponível em: https://www.sernanp.gob.pe/

Seyfang, G. (2013). Growing grassroots innovations: exploring the role of community-based initiatives in governing sustainable energy transitions. Environment and Planning C: Government and Policy, 31(2), 381-400.

Sgrò, C. M., Lowe, A. J., & Hoffmann, A. A. (2011). Building evolutionary resilience for conserving biodiversity under climate change. Evolutionary Applications, 4(2), 326-337.

Shepherd, A., Ivins, E. R., Geruo, A., Barletta, V. R., Bentley, M. J., Bettadpur, S., ... & Whitehouse, P. L. (2018). Mass balance of the Antarctic Ice Sheet from 1992 to 2017. Nature, 558(7709), 219-222.

Smit, B., & Wandel, J. (2006). Adaptation, adaptive capacity and vulnerability. Global Environmental Change, 16(3), 282-292.

Southwick, S. M., Bonanno, G. A., Masten, A. S., Panter-Brick, C., & Yehuda, R. (2014). Resilience definitions, theory, and challenges: Interdisciplinary perspectives. European Journal of Psychotraumatology, 5(1), 25338.

Stahel, W. R. (2016). Circular economy. Nature, 531(7595), 435-438.

Stanley, S. M. (2016). Earth System History. W. H. Freeman and Company.

Steffen, W. et al. (2015). Planetary boundaries: Guiding human development on a changing planet. Science, 347(6223), 1259855.

____. et al. (2011). The Anthropocene: From global change to planetary stewardship. Ambio, 40(7), 739-761.

____., Broadgate, W., Deutsch, L., Gaffney, O., & Ludwig, C. (2015). The trajectory of the Anthropocene: The Great Acceleration. The Anthropocene Review, 2(1), 81-98.

Sterling, S. (2020). Ecological Education in a Time of Crisis. Journal of Education for Sustainable Development, 14(2), 128-133.

____. (2013). Learning for resilience, or the resilient learner? Towards a necessary reconciliation in a paradigm of sustainable education. Environmental Education Research, 19(2), 148-158.

Stevens, C. J., Murphy, C., Roberts, R., & Lucas, L. (Eds.). (2018). The Routledge Handbook of Global Environmental Archaeology. Routledge.

Stirling, A. (2013). Keep it complex. Nature, 495(7442), 299-300.

Stone, M. K. (2019). Smart Cities: Introducing Digital Innovation to Cities. Routledge.

Sues, H. D. (2018). The Rise of Reptiles: 320 Million Years of Evolution. Johns Hopkins University Press.

Tanner, L. H., & Lucas, S. G. (2018). The Triassic System: Events, Global Correlation, and Time. In The Geologic Time Scale (pp. 681-731). Elsevier.

Titan, H., Lu, C., Ciais, P., Michalak, A. M., Canadell, J. G., Saikawa, E., ... & Li, Y. (2016). The terrestrial biosphere as a net source of greenhouse gases to the atmosphere. Nature, 531(7593), 225-228.

Torello-Raventos, M., et al. (2020). Rates of land-use change reveal a more than doubling of land use in the Chaco. Nature Ecology & Evolution, 4(4), 520-527.

Turner, B. L., Lambin, E. F., & Reenberg, A. (2007). The emergence of land change science for global environmental change and sustainability. Proceedings of the National Academy of Sciences, 104(52), 20666-20671.

Twitchett, R. J. (2006). The Palaeozoic era: diversification of marine organisms. In Encyclopedia of life sciences (pp. 1-7). Nature Publishing Group.

UN (United Nations). (2015). Transforming Our World: The 2030 Agenda for Sustainable Development. Retrieved from https://sustainabledevelopment.un.org/post2015/transformingourworld

UNDP. United Nations Development Programme. (2015). Transforming our world: the 2030 Agenda for Sustainable Development.

UNEP. United Nations Environment Programme. (2020). Global Environment Outlook: Healthy Planet, Healthy People. Retrieved from https://www.unep.org/resources/global-environment-outlook-6

____. (2012). Rio+20: Making It Happen. United Nations Environment Programme.

UNFCCC. United Nations Framework Convention on Climate Change. (2021). About the Convention. Recuperado de https://unfccc.int/process-and-meetings/the-convention/about-the-convention

____. United Nations Framework Convention on Climate Change. (2015). Paris Agreement. Retrieved from https://unfccc.int/process-and-meetings/the-paris-agreement/the-paris-agreement

Ungar, M. (2018). Resilience across cultures. British Journal of Social Work, 48(4), 1053-1070.

UN-Habitat. (2016). World Cities Report 2016: Urbanization and Development – Emerging Futures. United Nations Human Settlements Programme.

Valentine, J. W., Jablonski, D., & Erwin, D. H. (1999). Fossils, molecules and embryos: new perspectives on the Cambrian explosion. Development, 126(5), 851-859.

Van der Linden, S., et al. (2015). Earth observation for land-atmosphere interaction science. Surveys in Geophysics, 36(6), 769-799

Van Sebille, E., et al. (2015). A global inventory of small floating plastic debris. Environmental Research Letters, 10(12), 124006.

Wada, Y., et al. (2016). Global depletion of groundwater resources. Geophysical Research Letters, 33(20), 14469-14476.

Wapner, P. (2017). Is the Planet Full? Barriers to Economic Growth and Environmental Sustainability. Oxford University Press.

Waters, C. N., Zalasiewicz, J., Summerhayes, C., Barnosky, A. D., Poirier, C., Gałuszka, A., Williams, M. (2016). The Anthropocene is functionally and stratigraphically distinct from the Holocene. Science, 351(6269), aad2622.

White, S. (2019). The Environment and the Collapse of Great Civilizations: Lessons for the Future. Cambridge University Press.

Wilkinson, T. J., & Stevens, C. J. (Eds.). (2018). The Archaeology of Food: Identity, Politics, and Ideology in the Prehistoric and Historic Past. Cambridge University Press.

_____., & Pickett, K. (2018). The Inner Level: How More Equal Societies Reduce Stress, Restore Sanity and Improve Everyone's Well-being. Penguin.

World Bank. (2018). What a Waste 2.0: A Global Snapshot of Solid Waste Management to 2050. World Bank Group.

Wunsch, C., & Farrell, B. F. (2000). Solar oscillations driven by nonlinear resonant interactions. Journal of Geophysical Research: Oceans, 105(C4), 9127-9145.

Young, A. H., & Verhulst, K. R. (2021). Remote sensing of terrestrial winds: A review of existing techniques and future opportunities. Remote Sensing, 13(1), 66.

Zachos, J. C., Dickens, G. R., & Zeebe, R. E. (2008). An early Cenozoic perspective on greenhouse warming and carbon-cycle dynamics. Nature, 451(7176), 279-283.

Zalasiewicz, J., Waters, C. N., Williams, M., Barnosky, A. D., Cearreta, A., Crutzen, P., Vidas, D. (2017). Scale and diversity of the physical technosphere: A geological perspective. Anthropocene Review, 4(1), 9-22

Zemp, M., Huss, M., Thibert, E., Eckert, N., McNabb, R., Huber, J., ... & Nussbaumer, S. U. (2019). Global glacier mass changes and their contributions to sea-level rise from 1961 to 2016. Nature, 568(7752), 382-386.

Zhang, X., Zwiers, F. W., Hegerl, G. C., Lambert, F. H., Gillett, N. P., Solomon, S., ... & Stott, P. A. (2007). Detection of human influence on twentieth-century precipitation trends. Nature, 448(7152), 461-465

Sobre o autor

Paulo Roberto Ramos é pesquisador de meio ambiente, educação ambiental e ciência política desde o inicio da década de 1990. Atualmente é professor do Mestrado em Dinâmicas de Desenvolvimento do Semiárido e do Curso de Ciências Sociais da Universidade Federal do Vale do São Francisco, Brasil. Líder do Grupo de Pesquisa em Educação Ambiental Interdisciplinar e do Observatório de Políticas Públicas (CNPq) e Coordenador do Programa Escola Verde. Formado em Ciências Sociais, mestrado e doutorado em Sociologia do Desenvolvimento. Ganhador do prêmio de Referência para Inovação e Criatividade na Educação Básica (MEC). Orientador do Programa Residência Pedagógica. Membro do Comitê Gestor do Programa Univasf Sustentável. Coordenador do Espaço Sala Verde. Diretor Executivo da Revista Verde. Professor do curso de Especialização em Saúde Ambiental. Coordenador do Curso de Especialização em Educação Ambiental Interdisciplinar (SEaD/Univasf)

www.ingramcontent.com/pod-product-compliance
Lightning Source LLC
Chambersburg PA
CBHW071445220526
45472CB00003B/671